U0002605

A SHORT HISTORY OF THE WORLD
IN 50 ANIMALS

50種動物
撼動人類歷史

從戰爭到生活，由飲食文化到太空探險，
看見動物對人類的影響

雅各·F·菲爾德 博士——著　世茂編譯小組——譯

序

．．⟫　⟪．．

　　本書貫穿世界歷史，從最早的生命形態出發，到現代 21 世紀，書中細數 50 種動物大異其趣的故事，以及對歷史的影響和意義。動物尺寸從顯微鏡可見到體型巨大，物種從滅絕到昌盛，從家禽家畜到野生動物，分布在地球的每一個角落。

　　本書開篇即蒐羅一些最重要的早期動物，其中包括水生動物的演化起源，如何開始演化以適應陸地生活，以及在地球上漫遊數百萬年的恐龍。如今儘管絕大多數恐龍已經滅絕，其中卻有一部分作為鳥類倖存下來，並持續繁衍生息。本章旨在探討各種相關爭論，瞭解地球上的生命如何發展，以及達爾文雀（Galápagos finches）如何幫助啟發演化論。這對於人類如何看待造物論具有重大的影響，包括我們與類人猿在演化上的關連。第 2 章則詳細介紹人類如何利用動物來協助生活、繁榮發展，同時也互相爭鬥。其中包括一些最重要的馴養動物

——從最開始的狗，到其他重要的農業物種，如馬、雞、豬和羊駝。本章並詳細介紹鵝如何在西元前 390 年將古羅馬從澈底崩潰中拯救出來，以及鸕鶿如何成為軍事行動目標，但最終從人類手中取得了勝利。第 3 章則著墨動物在神話、宗教和文化中的巨大象徵性角色。雖然其中有些動物受到汙名化，如狡猾的紅狐狸、淘氣的猴子和象徵毀滅的蝙蝠，但其他動物如歐亞棕熊則被尊為庇佑圖騰，鴿子則是愛與純潔的象徵。有些動物與偉大帝國和政治權力有關，例如灰狼、獅子和鷹。第 4 章則要來探討動物如何為科學、健康和醫學做出貢獻。其中包括一些就極端而言，對人類是最為致命的動物，像是跳蚤和蚊子，還有有助於醫療方面的動物，如水蛭和天竺鼠。動物一直是被深入研究的對象，特別是有關智力方面，就像聰明的神馬漢斯（Clever Hans）和黑猩猩灰鬍子大衛（David Greybeard）的故事一樣。最後一章則講述人類如何在貿易和工業中運用動物的例子，我們會回溯一些被馴化的動物，例如牛。接著，本章也探討了另外兩種動物——蠶和單峰駱駝，在數個世紀以來如何幫助促進並實現長途貿易。最後則是探討人類對海洋生物的利用，特別是地球上有史以來最大的動物——藍鯨。

從動物對人類歷史的形成和貢獻中，我們可以學到很多東西。無論是動物個體、大型動物群體還是特定物種，無論在文化、經濟、科學、軍事以及政治各方面，都對人類歷史造成了重大影響。

目錄

第1章

早期物種

提塔利克魚

. . . .

演化史上最重要的「事件」之一，便是魚類開始離開水，在陸地上生活，魚鰭發展成四肢，這標誌著四足動物的起源。四足動物是一種具有四肢的動物族群，數量很多，包括兩棲動物、爬行動物、鳥類和哺乳動物。物種一旦登上陸地，生活就變得更加多樣化，因為除了生存條件範圍變得更寬廣，還要適應離水後的呼吸、繁殖和進食等挑戰。結果使得陸地上的動物物種數量是海洋物種的 10 倍。

這個重大轉變發生在 3 億 6 千萬至 4 億 2 千萬年前的泥盆紀時期（Devonian Period）。2010 年，在波蘭東南部的聖十字山（Holy Cross Mountains）發現了大約 3 億 6 千萬年前的四足脊椎動物腳印化石。這是已知關於四足動物的最早證據，但至今仍沒有找到這種動物的本體化石。這種古老的動物被稱作提塔利克魚（Tiktaalik），屬於史前魚類，展現出了水生動物演變成陸生動物的過渡期模樣。

在泥盆紀時期，海洋覆蓋了地球的 85%。這些水域充滿了生命形態，物種為生存而奮戰。在發現提塔利克魚之前，古生物學家推測，泥盆紀中後期有許多動物正在轉變，兼具水生動物和陸生動物的共同特徵，牠們漸漸能夠生活在淺水區、沼澤地和河床中，因此研究人員

在大約同一時期的岩石中尋找這些動物的化石。這些岩石過去是河流三角洲的一部分，其中一塊在埃爾斯米爾島（Ellesmere Island），位於加拿大最北端的北極圈。泥盆紀時期，這裡是勞亞大陸（Laurasia）板塊的一部分，屬於盤古大陸（Pangaea）北部。勞亞大陸由北美、格陵蘭和歐洲組成。此時期的赤道穿過勞亞大陸，因此氣候屬於溫暖的熱帶。這意味著，大陸的沿海內灣和河流有著豐富的潛在食物來源。動物在靠近水的地方生活，更容易透過曬太陽來調節體溫。

2004 年，在埃爾斯米爾島進行了四年探索後，一個研究小組發現了一個 3 億 7 千萬年歷史的動物化石，解剖其結構後發現是一種魚和四足動物的混合體。研究小組將這種動物的屬（在生物分類中位於種之上的類別）命名為**提塔利克魚屬**，在當地原住民努納武特族（Nunavut）的語言中，意思是「大型淡水魚」。這個發現的物種則因此被命名為**羅絲提塔利克魚種**（Tiktaalik roseae），雖不是現代四足動物的直屬祖先，但已知為最早的水生生物形態如何演變，過渡到陸地生活的例子。

對化石的分析顯示，提塔利克魚的長度可達 2.7 公尺，像魚一樣具有鱗片和鰓，同樣有條鰭（這表示牠的鰭是由皮膚組織而成，中間有骨骼支撐），使其能夠在水中划水。牠還具有四足動物的常見特徵，例如厚實的肋骨和肺。此外，提塔利克魚具有類似鼻孔的特徵，稱為

氣孔，在類似物種中可能發展成為中耳。提塔利克魚的鰭具有強壯的內骨骼，這就是四足動物能夠長出四肢的原因。這意味著，提塔利克魚能夠在淺水中抬起身體前端，還可以在無須移動軀體的情況下捕捉獵物，而這都要歸功於牠那可水平移動的鱷魚狀頭部——這是一般魚類無法做到的。後來對化石紀錄的分析進一步顯示，提塔利克魚的臀部和骨盆很結實，使得後肢具有較強的力量，比起魚類來說，這點在四足動物身上更為常見，表示牠們或許能夠爬過泥灘。

　　當時在陸地上有一大批生命形態，早已在地球表面存在了數百萬年。一些植物早已完成過渡期，其他動物族群如昆蟲、蛛形綱動物和軟體動物也一樣。如果水生動物能夠適應陸地，這些生命形態都是豐富的潛在食物來源，可供其利用。最重要的是，提塔利克魚在陸地上遭遇的競爭會比在水中要小，因為水中可能必須與較大的魚種競爭，其中一些魚的長度甚至超過 6 公尺。目前我們還不清楚提塔利克魚的演化路徑最終結束在哪裡，因為牠沒有存活至今的後代物種。提塔利克魚可能從未完全適應陸地生活，但透過牠，我們可以知道許多動物物種如何一直追溯到遙遠的海洋起源。

狄更遜水母

已知最古老的動物族群，是生活在 5 億 5 千萬年前的
狄更遜水母（Dickinsonia），這是一種細長、棱紋狀
的橢圓形生命體，可以長到大約 1.4 公尺。曾被認為
可能是一種真菌，後來由於在化石中發現了膽固醇，
顯示牠可以消化食物，因此證明為一種動物。

恐龍

. . . .

很少有動物族群能像恐龍那樣吸引人們如此多的關注、研究和沉
迷。在 2500 萬年前開始的中生代期間，這些爬行動物遍布在地球上的
每個角落。然而，在 6600 萬年前，絕大多數恐龍都在一場改變地球動
物生命的災難性事件中滅絕了。

至少從西元前 7 世紀開始，人類就一直在尋找恐龍骨骼和化石。
起初，沒有人確知牠們是什麼。一些古代民族可能還將牠們誤認為是
像格里芬（Griffin）這種鷹頭獅身的神話生物，甚至到 17 世紀，學者

們還認為恐龍是一支巨型人類物種的遺骸。但是在 19 世紀初，情況開始發生變化。當時歐洲和北美發現了越來越多的恐龍遺骸。1842 年，英國生物學家理查‧歐文爵士（Sir Richard Owen, 1804 ～ 1892 年）才正式提出「恐龍」這個名稱，這意味著這群「恐怖的爬行動物」，終於正式定名。歐文觀察英格蘭南部出土的恐龍標本，注意到這是某種獨特的群體，與當代的爬行動物不同，尤其是四肢垂直安於身體下方，而不是向體側伸展。歐文的分類開始受到廣泛運用，後來他為1851 年的萬國博覽會提供建議，擔任英國皇室導師，而且還是建立自然歷史博物館的核心人物。在 19 世紀下半葉，人們對研究恐龍產生了濃厚的興趣，因而引發「化石戰爭」，美國學者奧塞內爾‧查爾斯‧馬許（Othniel Charles Marsh，1831 ～ 1899 年）和愛德華‧德林克‧柯普（Edward Drinker Cope，1840 ～ 1897 年）兩人之間展開了激烈的競賽，競相挖掘和識別新物種。最終兩人在這段期間一共發現了 142個恐龍物種。

　　現在公認的恐龍物種超過 1000 個，而且在每個大陸（包括南極洲）都有所發現。每年大約還會發現 50 種新的恐龍物種，這主要是因為在阿根廷和蒙古進行了更多的挖掘，尤其是中國的沙漠。儘管如此，學者們可能只發現了所有恐龍物種中的一小部分（10% 到 25% 之間）。恐龍並非全都生活在同一時期，舊的物種滅亡後，又出現了新的物種。

　　3.12 億年前，開始出現從兩棲動物演化而來的第一批爬行動物。與兩棲動物不同，這批爬行動物會在陸地上生產硬殼蛋，牠們具有更堅硬的皮膚、更強壯的腳、更大的腦。大約在 2.4 億年前，第一批恐龍出現了。已知最早的恐龍物種可能是帕氏尼亞薩龍（Nyasasaurus parringtoni），原本是在坦尚尼亞被發現，身高超過 2 公尺。這個時期，地球正處於中生代（Mesozoic Era）的第一個階段——三疊紀（Triassic）。此時地球上所有大陸都集中在一起，稱為盤古大陸。當時的沙漠條件和炎熱乾燥的氣候非常適合爬行動物生存，有助恐龍成為主要的動物族群，遍布在整個盤古大陸上。恐龍之所以能如此成功的生存下來，是因為擅長獲得食物——無論是吃植物還是通過狩獵和腐食其他動物。

　　大約在 2 億年前，一系列大地震預示了三疊紀的結束，侏羅紀（Jurassic）的開始。盤古大陸裂開，形成了勞亞大陸和岡瓦納大陸（Gondwana）。此時，雖然有許多恐龍物種都滅絕了，但由於多樣化的地理條件，最終反而使得牠們的總體數量有所增加。氣溫下降和降雨量增加，使得植物生命形態更加繁盛，這為蜥腳類動物提供了食物來源。蜥腳類動物是一種巨大的食草恐龍家族，有著長長的脖子，可以伸到樹上尋找食物，強壯的牙齒則可以磨碎堅硬的纖維狀植物。這個家族還包括最大的恐龍——泰坦龍（Titanosaurs）。根據 1933 年的恐龍分類，最大的泰坦龍可能是阿根廷龍（Argentinosaurus）。雖然目前尚未發現阿根廷龍的完整骨骼，但分析所發現的骨骼，可知阿根廷龍身長超過 36 公尺，重達 10 萬公斤（100 公噸）。侏羅紀也見證了裝甲類（Thyreophora）恐龍的演化。這類恐龍的身體具有護甲，其中最著名的是身長 9 公尺的劍龍（Stegosaurus），還具有一個尖刺的尾巴，可以抵禦掠食者。

　　中生代的最後一個階段是白堊紀（Cretaceous），始於 1.45 億年前。這個時期見證了超大陸進一步的分裂，導致地球開始形成現今的大陸。這表示恐龍物種變得更加多樣化以適應不斷變化的環境。其中包括兩種最具標誌性的恐龍，第一是三角龍（Triceratops），重達 12000 公斤，有著用來吃植物的喙狀嘴，頭部具有大型頭盾，上面有三個大角，使

牠得以免受肉食性暴龍（Tyrannosaurus）的侵害。暴龍可以長到 12 公尺長，重達 14000 公斤，用後腿四處移動，具有強大的下顎，上面長著 60 顆 20 公分長的牙齒，是地球上最可怕的掠食者之一。

古生物學的思考

對於恐龍的解剖學特徵，有著無休止的爭論，例如劍龍背部的鰭角。最初人們認為那是為了自衛，但到了 20 世紀後期，古生物學家推測，劍龍的鰭角有助於調節體溫。最近，則有人認為那是為了吸引配偶而產生的。

大約 6600 萬年前，大多數恐龍物種發生了大規模滅絕。當時許多其他物種也滅絕了，包括飛行的翼龍和大型海洋爬行動物，如魚龍和蛇頸龍。研究人員對這一事件有多種解釋，包括疾病、熱浪、極端寒冷溫度、火山活動、哺乳動物吃恐龍蛋，甚至是恆星變成超新星的 X 射線襲擊地球。最普遍為人所接受的解釋是，有一顆直徑超過十公里的小行星撞擊了地球，導致氣候迅速發生變化，引發巨大海嘯、火山爆發和地震。經過研究，追溯當時小行星中常見的銥沉積物，使得這個理論獲得證明。這個小行星可能是在墨西哥希克蘇魯伯（Chicxulub）附近撞擊了地球，當地有一個直徑超過 160 公里的隕石坑。但也有許多動物倖存下來，包括許多魚類，特別是一些生活在深海的魚類，以及鱷魚、蛇和蜥蜴等爬行動物，還有兩棲動物和哺乳類動物等。中生代結束後，只剩下一個族群的恐龍——翼龍，最後演化成為鳥類。

鯊魚

. . . .

現今存在的鯊魚有超過 500 種，體型大小不等，從 20 公分長的小烏鯊到大型鯨鯊都有。鯊魚是現存最大的魚類，長度可達 18 公尺，重 14000 公斤。牠們在許多方面與硬骨魚不同，最重要的是，鯊魚的骨骼

是由軟骨構成，軟骨的密度只有一般骨頭的一半，這使牠們能游得更遠，消耗的能量更少。很少有動物族群可以與鯊魚的壽命相媲美。根據復原的鱗片化石顯示，最早的鯊魚出現在大約 4.2 億年前，遠早於恐龍，一直到現在，至少曾出現過 3000 種鯊魚。然而，要收集鯊魚演化的準確紀錄並詳細確認牠們的外觀通常很困難，因為在大多數情況下，鯊魚只有牙齒和鱗片會變成化石，柔軟的軟骨則會分解消失。

　　大約 3.59 億年前，泥盆紀（Devonian）結束，石炭紀（Carboniferous）開始。在過去的 2000 萬年中，可能是因為火山活動，使得海洋中的氧氣含量一直在下降，導致有 75% 的物種滅絕，但是鯊魚活了下來。在石炭紀時期，牠們分為 45 個不同的科（現在只有 9 個），並演化出了一系列不同的特徵。其中包括鐮鰭鯊（*Falcatus*），雄鐮鰭鯊的頭上有一個彎曲的劍狀附屬物；還有旋齒鯊（Helicoprion），下顎齒排列成類似圓鋸的螺旋狀；還有胸脊鯊（Stethacanthus），牠有一個砧板形的背鰭，確切用途尚未明確。後來還有一次大規模滅絕事件發生在 2.52 億年前的三疊紀（Triassic）初期，當時氣溫上升，導致有 96% 的海洋生物滅絕。鯊魚在這次事件和約 2.01 億年前發生的另一次事件中都倖存了下來。當時三疊紀結束，進入了侏羅紀（Jurassic）。到 6600 萬年前白堊紀（Cretaceous）時期結束，大多數恐龍都已滅絕，但鯊魚仍然存活了下來。不過，許多鯊魚物種也確實都已滅絕。倖存下來的

鯊魚，多數的體型都更小，生活在更深的水域中。最後終於出現了更大的物種，鯊魚開始再度出現在較淺的水域。

當中最可怕的是巨齒鯊（megalodon），牠的出現可以追溯到大約2300萬年前。巨齒鯊是頂級掠食者，身長超過25公尺，體型大到可以捕食鯨魚，咬合直徑約為3公尺，又大又厚的牙齒可達到17公分的長度。巨齒鯊的形象雖然令人印象深刻，但卻在360萬年前就滅絕了。由於氣候變化擾亂了食物供應，使牠們必須面對與其他小型鯊魚、食肉鯨魚日益激烈的競爭。

鯊魚能夠在其他動物族群無法生存的地方生存下來，原因之一是牠們在不同的棲息地都能夠捕獵各種獵物。大多數鯊魚具有極其敏銳的感官，牠們的鼻孔可以分別獨立檢測氣味，這表示牠們可以確定氣味的方向來源。鯊魚隔著遙遠的距離能夠聽到潑水聲，牠們頭部的感官接受器（稱為羅倫氏壺腹）可偵測其他動物產生的電磁場。雙髻鮫是距今4500至2300萬年前出現的現代鯊魚族群，具有特別敏銳的感官。牠們扁平的錘形頭部具有更寬的眼睛，可以擁有更好的視覺、更多感官接受器。牠們也可以用頭部撞擊獵物並將其釘在海床上。

此外，許多鯊魚游泳的速度都極快，牠們能夠盤旋並快速攻擊獵物（通常從下方攻擊），然後用鋒利的三角形牙齒咬住獵物。速度最快的是尖吻鯖鯊，最高時速可達74公里。但並不是所有鯊魚的速度都

可以那麼快。夢棘鮫科的鯊魚又名睡鯊，這類鯊魚移動速度非常緩慢，其中包括小頭睡鯊，牠生活在北大西洋和北冰洋深處，游泳速度低於每小時 3 公里，但卻是壽命最長的脊椎動物。根據放射性碳定年法顯示，小頭睡鯊可以活 300 到 500 年。

許多鯊魚也會以各種動物為食，例如，大白鯊會吃海豹、海龜、海獅、海豚和小型鯨魚，也會吃食腐動物。與電影《大白鯊》所塑造的形象不同，鯊魚並沒有特別喜歡吃人類，反而更喜歡油脂肥厚的動物──大多數鯊魚之所以攻擊人類，都是出於誤認。有三種鯊魚（鯨鯊、姥鯊和巨口鯊）是濾食性動物，牠們會張開嘴在海洋中游泳，過濾水中的小魚蝦、藻類和浮游生物等。

儘管鯊魚在大滅絕中倖存下來，但如今牠們卻面臨著最大的威脅之一──人類。每年有超過 1 億條鯊魚死於人類之手，與其他魚類相比，傷害性尤其大，因為鯊魚的生長和繁殖速度較慢，造成族群數量難以回補。人類經常獵捕鯊魚作為食物，在亞洲部分地區，鯊魚鰭尤其珍貴。此外，鯊魚肝油一度曾是高價值的商品，主要用作工業潤滑劑以及化妝品成分。另外還有數百萬條鯊魚是因意外被漁網纏住而死亡。這些都造成了大約有四分之一的鯊魚物種面臨滅絕的威脅。

鱷魚

鱷魚最早的祖先出現在 2 億多年前。除了鳥類，牠們是唯一倖存的主龍類（Archosaurs 意指具有統治地位的爬行動物），這群動物中包括恐龍和翼龍。最早的鱷魚演化為今天的鱷魚、短吻鱷、凱門鱷和長吻鱷（長吻鱷主要吃魚，最長可達 6 公尺）。這些半水生動物主要生活在熱帶地區，每年殺死大約 1000 個人類，是鯊魚的 40 倍。

始祖鳥

. . . .

　　1861 年，兩塊化石的發現澈底改變了自然歷史，引發了數十年的學術爭論。那一年，德國古生物學家赫爾曼・馮・邁爾（Hermann von Meyer，1801 ～ 1869 年）報告了當時在巴伐利亞索倫霍芬鎮（Solnhofen）附近的石灰岩採石場發現的羽毛化石。他後來提出那屬於一種他命名為始祖鳥（Archaeopteryx）的生物，古希臘語意為「古

老的翅膀」。幾個月後,在距離原始發現地約 6 公里的朗根阿爾特海姆鎮(Langenaltheim)附近出土了一具幾近完整的始祖鳥骨架。許多人認為,這種始祖鳥是 Urvogel(德語,意指為「原鳥」或「首先的鳥」),是現存近一萬種鳥類的共同祖先,也是唯一存活下來的恐龍。

繼 1861 年的發現之後,當地附近發現的另外 11 塊化石也被歸類為始祖鳥的遺骸。其中一個實際上是在 1855 年被發現的,但最初認為屬於翼龍類,之後才歸類為始祖鳥。牠們都可以追溯到大約 1.5 億年前的侏羅紀晚期,當時歐洲有如島嶼組成的群島,位於比現在更靠近赤道的熱帶淺海區。對始祖鳥化石的研究顯示,其身體長度約 50 公分(約同喜鵲大小),具有鳥類和恐龍共同的特徵。這是一個「過渡時期的

化石」，展現出一個動物族群與祖先大相逕庭的演化過程，為近代提出的演化論提供了一個簡潔有力的證據。

　　始祖鳥與食肉恐龍具有共同的特徵。與鳥類不同，始祖鳥的尾巴很長，鋒利的錐形牙齒用來吃小型爬行動物、哺乳動物和昆蟲。牠像許多鳥類一樣有三個向前伸的爪子，最明顯的鳥類特徵是具有羽毛（後來分析顯示其羽毛是烏黑色的）。羽毛的主要目的之一是幫助飛行，其堅固又輕巧的表面可以推動空氣。但因為許多不會飛行的恐龍也都具有羽毛，因此這不是羽毛的原始目的，最早恐龍演化出羽毛，是為了幫助身體保溫和隔離水分。始祖鳥的飛行能力經常受人質疑。一些學者懷疑牠是否能夠真正飛行，認為牠只能從樹上滑下。與現存不會飛行的鳥類如奇異鳥一樣，始祖鳥的胸骨扁平而短，沒有「龍骨」，即大多數鳥類都有的胸骨延伸部分，這個部分附著有強大的肌肉，可用來拍動翅膀進行飛行。2018 年，研究人員對 3 個始祖鳥標本進行了強力 X 光掃描，結果顯示，始祖鳥的骨骼密度很小，足以讓牠們能夠飛行。但與鵪鶉及野雞的骨骼最相似，顯示牠只能進行一段短暫的飛行。而始祖鳥飛行的目的可能是為了逃避掠食者或捕捉獵物。此分析並顯示，始祖鳥的骨骼富含血管，代表牠們的新陳代謝類似鳥類。

　　白堊紀早期出現過更接近現代鳥類的物種，牠們的身體結構發生了變化，使牠們更適合飛行，包括尾巴縮短、羽毛更符合空氣動力學。

透過 DNA 分析，顯示現代鳥類是在白堊紀中晚期演化而來的，例如紅鶴的祖先。在導致大多數恐龍滅絕的大滅絕事件之後，只有鳥形恐龍能夠倖存下來，然後進一步衍生出多樣化的物種。有些物種專攻海洋環境，能夠潛水或涉水抓魚，而另一些物種則住在樹上。恐龍消失後留下了一塊空白，而填補這塊空白的，就是高度超過 2 公尺、不會飛的大型掠食性鳥類。

21 世紀初，中國東北地區的岩層有了一連串發現，這些發現挑戰了始祖鳥為最早鳥類的地位。2011 年，分類鑑定了一種叫鄭氏曉廷龍的物種，這是一種長約 0.6 公尺、披覆羽毛的爬行動物，前肢有爪，牙齒鋒利，生存年代比始祖鳥早了 500 萬年。這種化石的的發現者指稱，牠屬於恐爪龍下目（Deinonychosauria）的一種恐龍。發現者還聲稱始祖鳥也屬於恐爪龍下目，而這意味著始祖鳥不能被歸類為鳥形恐龍。第二年，進一步的研究證實，始祖鳥確實比其他恐龍更接近鳥類，因此無法進行重新分類。現在我們已經很清楚，在侏羅紀晚期，當時有幾種恐龍正在發育出羽毛以及其他鳥類特徵。這情形顯示，使用化石紀錄來確認演化的物種變化非常困難。目前，人們依然公認始祖鳥是可以明確歸類為第一個鳥類族群成員的物種，但牠身為第一種已知鳥類「原鳥」（Urvogel）的地位可能會隨時不保。

翼龍

翼龍是第一批會飛行的有脊椎爬行動物，但目前已滅絕。牠們出現在三疊紀晚期，距今超過 2.5 億年前。翼龍的翅膀是由皮膚和肌肉組成的肉膜。其中體型最大的風神翼龍，雙翅翼展可超過 10 公尺。

達爾文雀

. . . .

1836 年 10 月 2 日，經過近 5 年環球航行後，小獵犬號帆船停靠在英國康沃爾。1820 年，小獵犬號一開始是軍艦，1825 年則重新被指派為探勘船，並於 1826 年至 1830 年首度在南美洲巴塔哥尼亞和火地島等地航行。1831 年，小獵犬號在皇家海軍貴族軍官羅伯特‧費茲洛伊（Robert FitzRoy，1805～1865 年）的指揮下，開始了第二度航行，後來費茲洛伊成為氣象學家先驅，並擔任紐西蘭總督。當時他的任務是繼續調查南美洲海岸線。在航行之前，費茲洛伊和家人都擔心，在如此漫長的航行中，如果沒有學識豐富的同伴，可能會變得孤獨，心

情灰暗，於是，他們便想要尋找一位「博物學家」相伴度過船上的日子。1831 年 12 月 27 日小獵犬號出發，此時，與他同航的是剛從劍橋大學畢業的畢業生，名叫查爾斯・達爾文。在航程中，達爾文對動物進行了一系列觀察，最終提出了一種理論，澈底改變人們看待自然世界的方式。達爾文在加拉巴哥群島上所觀察到的鳥類，對這件事起到了關鍵性的作用。

達爾文是一個醫師的次子，原本在愛丁堡大學念醫學，由於對自然歷史的興趣日益升高，於是放棄了醫學研究。1828 年，他搬到劍橋，準備成為英格蘭國教會的牧師，這個職位使他能結合神職，並繼續科學研究。在劍橋期間，達爾文持續在研究自然界，他一直在收集甲蟲並進行一些地質調查。獲得學位 6 個月後，達爾文便乘坐小獵犬號離開英格蘭。他在船上的職務是由他的叔叔所資助，他的叔叔是威治伍

德（Wedgwood）家族的富家子弟，靠陶瓷賺取了大筆財富。這意味著，達爾文收集的標本將屬於他自己所有，並且能夠隨心所欲追求他所喜愛的興趣。儘管達爾文會暈船，但他在小獵犬號上的工作效率極高，總共寫了一本770頁的日記，做了1750頁的筆記，收集了5436塊皮件、骨骼和遺骸。

小獵犬號於1832年2月抵達南美洲，停靠在巴西東北部薩爾瓦多。由於達爾文的職務屬於編制外，他得以獨立探險，進入內陸。登陸以後，達爾文騎著馬，進入巴塔哥尼亞地區，在那裡看見犰狳和「鴕鳥」（實際上是一種叫做鶆䴈的相關物種），還找到滅絕的史前哺乳動物的骨骼化石，包括大地懶（Megatherium，一種巨型樹懶）。這些標本讓達爾文開始思考物種為什麼會滅絕？12月，小獵犬號航行到達火地島，他持續繪製航海圖的工作，直到1834年6月開始探勘南美洲西海岸。然後在同年9月16日，小獵犬號抵達加拉巴哥群島，位於厄瓜多以西約1000公里處。雖然達爾文只在那裡待了五個星期，但那段停留的時間卻在他的工作中留下不可磨滅的印記。

達爾文遊歷了加拉巴哥群島的四個島嶼。在每個島嶼上，他都捕捉到10到20公分長的雀鳥。起初，他不認為這些鳥類之間互有關聯，因為牠們的差異很大。直到回航返家後，達爾文才提出觀點，認為這些鳥類雖然不同，但物種之間其實具有某些關聯。儘管達爾文稱呼這

些鳥為「雀鳥」，但這些鳥其實並不屬於燕雀科，而屬於另一種唐納雀科（雖然名字中都有「雀」）。達爾文最終的結論是，這些雀鳥都具有共同的祖先，吃的是掉到地面的種子（關於雀鳥來源仍有爭議，目前已提出的可能地區是加勒比和南美大陸）。隨著時間推移，取食決定了這些雀鳥的喙部大小和形狀——有些吃昆蟲（樹雀會用仙人掌刺或小樹枝刺出樹幹中的獵物），有些吃種子，有些吃仙人掌，還有一些吃水果和嫩芽。這些觀察最後對於他的證明都盡了一臂之力，於是達爾文提出，決定新物種形成的不是上帝，而是對環境的適應。

離開加拉巴哥群島後，小獵犬號返航，途經大溪地、紐西蘭、澳洲和南非。1836 年，達爾文回到英國，隨後在 1839 年發表一篇論文，內容是關於這趟航行的，獲得了極大的讚譽。他於同年結婚後，在 1842 年隱居到倫敦附近的道恩鎮（Downe）。他在那裡繼續研究演化論，並於 1859 年出版《物種起源》一書。這本書討論的是（包括加拉巴哥群島的雀鳥）天擇如何創造了世界上動物的生命。達爾文提出這樣的理論，挑戰了上帝或某種神性力量創造了所有生命形態的概念，因而引發了激烈的爭論。但到了 19 世紀末，科學界已普遍接受了演化論。達爾文一直住在道恩鎮，他在 1883 年過世之前，還發表了關於演化、植物和蚯蚓對土壤影響等著作。

加拉巴哥群島因此成為達爾文理論的地理研究指標，於是科學家

和研究人員絡繹不絕地前往當地研究動植物。研究人員分析了雀鳥的DNA後，證明達爾文提出的理論是正確的，這些鳥類都是共同祖先的後代，在2、300萬年前來到加拉巴哥群島。牠們的差異可歸因於一種稱為 ALX1 的基因變異，此基因負責形成面部和頭部骨骼。此外，在科科斯島上發現的第十四種達爾文雀，與加拉巴哥群島的雀鳥親戚，在地理上距離約為 800 公里。儘管達爾文雀失去了棲息地，加上外來物種的入侵，但仍沒有滅絕（不過紅樹林樹雀和中型樹雀則處於瀕危狀態）。事實上，雜交甚至可能會使達爾文雀產生新物種，而這正顯示了天擇和演化的過程是動態連續的。

類人猿

人類在生物分類上是屬於類人猿家族的一分子，亦稱為原始人。除了人類，類人猿還包括了其他七個物種：倭黑猩猩、黑猩猩、東部和西部大猩猩，以及婆羅洲、蘇門答臘和塔巴努里猩猩。這些類人猿都是靈長類動物的一分子，屬於哺乳動物，最早大約出現在 6000 萬年前。第一批靈長類動物經過演化，能夠在熱帶森林中生活和移動（並收集食物），不過後來許多物種適應了其他更多樣化的生活條件，如

草原和沙漠。與其他動物相比，所有靈長類動物具有較優越的視力，行動也更靈巧。自古以來，人們就注意到了類人猿與人類之間的相似處。18 世紀時，瑞典植物學家卡爾 · 林奈（Carl Linnaeus，1707 ～ 1778 年）對自然界進行分類，在他的動物物種分類學中，便是將人類分為靈長類動物。

等到達爾文的演化論在 19 世紀下半葉被人們廣泛的接納，人們便明白，人類與動物必定具有一定的關係，並且可能還有某個共同祖先。達爾文的同事湯瑪斯 · 亨利 · 赫胥黎（1825 ～ 1895 年）更是力排眾議，認為人類近似兩種類人猿——大猩猩和黑猩猩。他並立即證明，這兩種類人猿的大腦在解剖學上與人類大腦的相似性。自此以後，演化生物學家便一直在尋找人類和類人猿共有的最後一個共同祖先。目前尚不清楚類人猿的共同祖先是什麼模樣，只知道很可能生活在非洲，是一種小型長臂靈長類動物，體重約 5 公斤。

　　猿類，又稱為類人猿，最早出現在 3600 萬年前，在中新世時期，牠們可能定居在非洲的某個地方，也可能是在歐亞大陸。總之後來出現了一百多種猿類，特徵是具有四肢的軀幹、關節可以活動、抓握力強、沒有尾巴。大約 1700 萬年前，出現了一種稱為小猿的猿類分支，由 18 個物種所組成，又稱為長臂猿，特徵是體型較小、手臂較長。

　　早在 1300 萬年前，紅毛猩猩（馬來語意為「森林人」）出現分支，與其他類人猿區別開來。雖然紅毛猩猩原產於婆羅洲和蘇門答臘島，但牠們其實曾經遍布東亞，甚至遠到中國南部。特徵是具有紅棕色的毛髮，雄性具有肉頰，肉頰的作用是吸引配偶和威懾對手。與其他傾向於群居的類人猿不同，紅毛猩猩、黑猩猩和大猩猩三種猩猩大多是獨居的，大部分時間都在樹上度過，移動時則是用手臂從一個樹幹擺動到另一個樹幹（一種稱為臂躍行動的技術）。大猩猩在 850 到 1200 萬年前走上了獨立演化之路，產生兩個物種，一種是生活在現今烏干達、盧旺達和剛果民主共和國東部的東部大猩猩，是世界上最大的類人猿，雄性通常重約 225 公斤，站立高度為 1.7 公尺。另一種生活在西非的西部大猩猩則體型較小。

　　在 550 到 700 萬年前，早期人類便從其他類人猿中分支出來。從稱為南方古猿的類人猿族群，發展成包括現代人的人屬。人屬的一個主要不同點在於逐漸轉為永久性雙足行走（用兩條腿走路），因此前

肢縮短，但也意味著牠們可以用前肢製作更複雜的工具。另一個演化優勢是說話能力，牠們的說話能力變得比其他物種更發達，有助於族群從非洲向外擴散，最終定居到世界的每一個角落。數千年來，有許多早期人類物種演化並滅絕，直到智人出現。在摩洛哥所發現的第一批現代人解剖學化石，最早可追溯到 33 萬年前。

其餘的類人猿——黑猩猩和倭黑猩猩，一直處於相同的演化軌跡，直到 100 至 150 萬年前才分支成兩個物種。黑猩猩生活在熱帶非洲的森林和疏林草原中，擅長臂躍行動。牠們的飲食比其他非人類的類人猿更加多樣化，除了植物和昆蟲，還吃雞蛋、腐肉和其他哺乳動物，甚至是同類。黑猩猩行團體生活，數量為 20 到 100 隻，經常出現敵對行為、暴力攻擊和突襲。倭黑猩猩最初稱為侏儒黑猩猩，直到 1933 年才被確認為獨立的物種。牠們生活在剛果河南岸，通常比黑猩猩更友善，更善於交際，群體之間的衝突也較少，這有可能是因為牠們居住的地方有較為豐富的食物。

根據基因定序，與其他類人猿相比，人類更接近黑猩猩和倭黑猩猩，整個基因序列的差異僅有 1.2%（相比之下，人類與大猩猩的差異為 1.6%，與猩猩的差異為 3.1%）。此外，根據行為研究，亦顯示類人猿與人類之間的關聯。所有類人猿都能在鏡子中辨識自己，這是其他動物無法做到的。牠們可以製作和運用簡單的工具來收集食物和水。

與其他動物相比，類人猿還具有先進的溝通技巧。在野外，類人猿特別是黑猩猩，會發出各種聲音，或是敲打樹幹以進行遠距離溝通。在圈養環境中，人類會使用手語、標記和符號教類人猿進行類語言交流，有些類人猿甚至會模仿人類的語言。雖然一些研究人員認為這的確是一種語言形式，但其他人則認為牠們做手勢或表演只是為了換取獎勵。

今天，非人類的類人猿面臨著各種威脅，包括喪失棲息地、疾病、伐木、喪失森林土地、森林火災或被當成野味獵殺。這意味著牠們都是瀕臨滅絕的物種，而這也使得與人類有著最親密關係的物種，面臨了滅絕的危險。

「露西」

阿法南法古猿（Australopithecus afarensis）在大約 360 萬年前出現在東非，是一種已滅絕的早期人類。牠以雙足行走，具有適合爬樹的長臂。最著名的古猿標本是 1974 年在依索比亞發現的「露西」（Lucy，根據英國音樂團體披頭四的歌曲所命名），為一具 320 萬年前的骨骼化石。

第2章

家園與戰爭

狗

. . . .

　　200 萬年前，早期的人類聚集起來，形成了狩獵採集社會。大約 12 到 100 人形成一組，分布在 1300 平方公里的領土上，幾乎不間斷地移動，尋找食物。他們會使用簡單的工具和武器，獵殺和撿食動物屍體，同時採集植物。直到大約 12000 年前，所有人類都是以這種方式生活，後來，在美索不達米亞地區（現今的伊拉克），人們首度開始建立定居的農業社區。馴化的野生動植物實現了這種可能，這一過程建立了人類控制和利用自然界的一個基礎。然而在此的幾個世紀之前，人類早已經馴化了第一種動物——狗。

　　狗與人類一起生活至少已有 15000 年，甚至可能長達 40000 年。關於狗被馴化的確切地點、時間和方式，仍然存在許多疑問。但可以肯定的是，狗是野生灰狼的馴化變種。關於狗是如何被馴化的，有兩種主要的理論。首先是一種類似狼的物種開始接近人類的狩獵採集者群體，想要獲得食物，隨著時間的推移，其中最友善的狗種開始依附於這些人類群體，並成為他們的伙伴。第二種是人類開始積極馴服和選擇性地繁殖野狼，以便用來獵捕、追蹤和守衛。狗天生具有的能力非常適合這些任務——牠們的嗅覺非常敏銳，聽力幾乎是人類的兩

倍，牙齒具有很強的咬合力，能夠撕裂肉。經過許多世代，狗天生的群體心態轉移到人類身上，發展出一種高度協調的能力，可以解讀人類的情緒暗示。

我們目前尚不清楚狗最早的馴化時間和地點。有些科學家認為，大約是在西元前 13000 年左右的中亞，有些科學家則認為大約是在西元前 15300 年的中國某處。甚至有證據顯示馴化發生得更早，曾發現到的兒童與狗同行的腳印，可追溯到 26000 年前，這個線索是在法國南部肖維岩洞（Chauvet Cave）中發現的。而在比利時戈耶洞穴（Goyet Cave）中則發現了原始犬的頭蓋骨，已經超過 36500 歲。2016 年有人提出，狗的馴化並非發生在單一地方，而是分別發生在歐亞大陸兩側不同的狼群中。在東亞，馴化的狗後來便隨著主人向西遷移，並在很大程度上取代了最早的歐洲狗。無論確切的時間為何，當人類開始創建第一個永久性農業社區，狗已經成為他們的伙伴。人們將其他野生動物馴化為牲畜後，便利用狗來放牧和看守。

狗變得日益融入人類的社會和文化。考古學家挖掘美洲、亞洲、歐洲和非洲的石器時代和青銅時代的墓葬後發現，自那時起，狗已經與人類一同埋葬，原因可能是為了讓狗在死後繼續為人們服務。古埃及人對狗特別眷戀，經常在牠們死後將之製成木乃伊，還會剃掉自己的眉毛表示哀悼。從美索不達米亞到中國的古代文明中，人們會製作

雪橇犬巴爾托

1925 年，白喉疫情襲擊了美國阿拉斯加諾姆鎮。為了避免造成數千名人死亡，地方當局疾呼抗血清需求，於是一批血清運送到蘇厄德港，再轉換火車前往尼納納。到了那裡，再繼續轉換狗拉雪橇，在冰天雪地下，以接力方式將收到的醫療物資疾行 1085 公里，運送到諾姆鎮。2 月 2 日，由一隻名叫巴爾托（Balto）的西伯利亞雪橇犬率領的雪橇隊伍抵達了諾姆鎮，終於化險為夷。1933 年，巴爾托去世後，遺體經過標本處理，移送至克利夫蘭自然歷史博物館展示。

狗的雕像，並埋在建築物附近以躲避厄運。狗在古代神話中經常占有重要地位，提到牠們往往是與忠誠和奉獻有著深刻的連結。例如在古梵文史詩《摩訶婆羅多》（*Mahabharata*）中，主角之一的監戰國王在忠犬陪伴下升入天堂。當監戰國王被要求放棄狗以獲得進入天堂的權利時，他拒絕了，這一行動顯示監戰國王值得敬佩。在《奧德賽》（*Odyssey*）中，當主角奧德修斯結束史詩般的旅程，回到了伊薩卡的家，除了他忠實的狗阿戈斯（Argos），沒有人認出他來。

數千年來，人類對狗的選擇性育種，造成地球上出現了最多樣化的犬隻種類，從小型吉娃娃到強壯的大丹犬。一些品種已經在某些環境中變得高度專業化，例如起源於 9500 年前在北極地區擔任拉雪橇工作的犬種，牠們吃的是極圈動物肥厚的脂肪，能夠在低氧條件下工作，體溫調節能力很強。大多數的現代犬種仍保留有其原始的身體特徵，例如短腿臘腸犬能夠進入地下洞穴追趕獵；粗壯、有力、頭型大的鬥牛犬被用於可悲的鬥牛賽，或者像是尋血獵犬憑著敏銳的嗅覺追蹤獵物（現在也用牠們嗅出爆炸物和毒品）；人們還培育出體型小的玩賞犬，不僅能時時陪伴身邊，也是身分地位的象徵（還能用來暖腳）。雖然犬隻育種過程能夠放大許多有用的特徵，但卻不經意地對許多犬種造成了負面影響，也就是健康問題，例如巴哥犬的呼吸道問題。到了 19 世紀下半葉，人們開始對犬隻品種進行更嚴格的分類，每個品

種都制定了理想的標準體態，並詳實記錄和登記每隻狗的譜系。截至2018 年，英國畜犬協會（The Kennel Club，同類機構中最早成立的機構）正式承認的不同犬種就有 221 個。然而，不管狗狗的外觀如何，牠們都在提醒人們，人類生生不息的繁衍，在在需要其他動物的幫助。

豬

. . . .

豬肉是世界消費量最大的肉類（緊隨其後的是雞肉），全球有超過 10 億頭豬。9000 多年前，將歐亞野豬馴化成家豬的過程，分別出現在安納托利亞（現今土耳其境內）和東亞。500 年後，豬隻被引入歐洲，然後是非洲。大約在西元前 3000 年，豬隨著南太平洋島嶼上定居的人們來到大洋洲。作為家畜，豬有許多優點，除了可以提供肉和脂肪，皮還可以製成皮革，鬃毛可以製成刷子。豬可以生活在各式各樣的棲息地，因為牠們是雜食動物，食物種類繁多，甚至包括了家庭廚餘。

世界上的許多地區都有拒絕吃豬肉的宗教禁忌，這情況在中東尤為顯著。西元前 5 世紀中葉，猶太教聖書《妥拉》（Torah）面世，書中明列猶太人的飲食要求，規定只能吃偶蹄類和反芻動物（例如牛羊）。這使猶太人無法食用被認為是「不潔」的豬肉。關於制訂這條

規則起源，存在許多爭議。一些學者認為，納入此一規定是為了要創造猶太人一個獨立的身分，而另一些學者則認為是與豬不衛生的看法相關，因為豬無論什麼都吃，還會在泥巴裡打滾（這是因為豬的皮膚缺乏汗腺，這樣做可以使身體涼爽，並預防蚊子叮咬，以及保護皮膚免受陽光曬傷）。西元 7 世紀早期，先知穆罕默德（約西元 570 ～ 632 年）的《古蘭經》啟示，也宣布豬肉不純淨，因而禁止食用（唯有在緊急情況下可以食用）。同樣的，大多數印度教徒和佛教徒普遍都是素食者，所以也會避免食用豬肉。基督徒則沒有採用《舊約》中對食物的限制（除了現代衣索比亞所出現的新興教會以外），因此可以隨意食用豬肉。

18 世紀後期，養豬業已擴大到世界各大洲。早在 1493 年，克里斯多福‧哥倫布（1451 ～ 1506 年）在第二次航行時，便將養豬業帶到了美洲，1788 年則是經由第一艦隊將豬隻帶到澳洲。第一艦隊在當地建立了流放地，於是澳洲便成為歐洲第一個殖民地。正巧，鹹豬肉本來就是這批艦隊成員和其他歐洲航海人的主要食物來源之一。到了 19 世紀，養豬業變得日益深度分工，育種者試圖培育出體重能快速、有效增加的豬。「大白豬」就是其中之一，這是在英國約克郡培育出來的，後來成為世界上最受歡迎的豬隻品種。隨著對豬肉需求的增加，為了最大限度地提高產量，農民提出對策，試圖通過將豬隻改到室內

1859年的豬戰

位於美國太平洋西北部的聖胡安群島（San Juan Is-land），靠近加拿大邊境。1859 年，美國和大英帝國雙方就在這裡對峙。當時，這群島嶼的歸屬問題尚不明確。為了彰顯所有權，一家英國公司便派遣一位名叫查爾斯 · 格里芬（Charles Griffin）的員工來到聖胡安島經營一座牧場。美國人也跟著移民到此。其中一位名叫萊曼 · 卡特萊登（Lyman Cutlar）的人在這片土地上種植馬鈴薯。1859 年 6 月 15 日，卡特萊登看到格里芬的一頭豬在吃他的農作物，因而將其射殺。於是英國當局威脅要逮捕卡特萊登，美國移民者則要求自己的政府提供保護。7 月 27 日，美國陸軍士兵登陸聖胡安島，宣布其為美國領土，英國隨後亦派軍艦前往該地區。為緩和動盪局勢，美國總統派代表與當地英國總督會談，雙方同意休戰並聯合軍事行動，占領這群島嶼，直到達成和談。這種情況一直持續到 1872 年，當時一個國際小組決定將這群島嶼贈予美國。

圈養，以便調節溫度，收集豬糞，於是他們便將豬隻密集圈養。這表示有更多人都能負擔得起豬肉價格，但代價是，豬生活在了一個剝奪其自然本能的環境中，再也不能互動、打滾、翻土找食物。

馬

. . . .

輪軸是歷史上最重要的發明之一，然而輪軸最初的用途不是用於運輸，而是用於製作陶器。西元前 5000 年，美索不達米亞人旋轉輪軸，讓黏土塑型。西元前 3500 年左右起，人們才開始用輪軸製造簡單的輪車，後來發展成為較複雜的手推車和貨車。起初，這些車輛是由牛來拉的。但儘管這些車輛強壯又堅固，卻缺乏革命性運輸所需的有力動物，這種動物就是馬。馬可以結合速度和耐力，使人類能夠承載沉重物品，同時行駛遙遠的距離。馬也可為機器提供動力，直到 20 世紀，馬匹甚至成為了戰爭中不可或缺的要素。

所有的馬起源都可追溯至大約 5000 萬年前，一種叫做曙馬（Eohippus）的有蹄哺乳動物，以樹葉為食，生活在森林中，體型如羔羊般大小。450 萬年前，牠演化成了馬，演化的大部分過程都是發生在北美洲。牠的體型越來越大，腿越來越長，中間的腳趾漸漸變成蹄，牙齒

和消化系統慢慢適應了囓食草類，這意味著北美洲當地形成平原，氣候日趨乾燥，牠仍能夠繁衍生息。大約 200 萬年前，這種馬通過白令陸橋，穿越北美洲，橫跨到歐亞大陸和非洲。在 10000 到 8000 年前，這種馬因為疾病或被獵捕而滅絕，在原始的家園消失了。直到 15 世紀後期，才被西班牙殖民者重新引入美洲而再度出現。

早在西元前 5000 年，歐亞草原、現代哈薩克和烏克蘭等地可能已開始馴化馬匹。起初，人們飼養馬是為了牠們的肉和奶。直到西元前 3000 年左右，人們養成騎馬的習慣，這一點可以從馬頭骨化石中的牙齒磨損而得到佐證，因為化石顯示在馬口中有被放置了馬銜。在接下來的 5000 年裡，人類選擇性地培育馬匹，以發揮其各種不同的功能，因而產生了 300 多個品種。

馬的主要用途之一是運用在農業方面。人們會用馬來拉犁等農業設備。西元前 4 世紀，人們還用馬提供機器動力，諸如在磨坊中擔任研磨穀物或抽水等任務。更重要的是運輸上的用途，馬使得人們能夠長途旅行，而且能將貨物拉到市場。古代人還會用馬匹沿著河道拖船。最後，現代通訊的前身極為依賴快馬驛使。19 世紀，由於農業、工業和運輸的機械化，開始採用電報，大幅度降低了馬在社會和經濟上的重要性。

馬在軍事領域的影響最大。通過選擇性育種，加強了馬的步伐和

平衡性，還有絕佳的方向感、視覺記憶，以及對騎手肢體語言暗示所做出的反應能力。草原民族是生活在廣闊平原上的游牧族，遍布在蒙古和中亞的遼闊大地，是最早馴化馬匹的人，而且還發展出在戰爭中熟練運用馬匹的技術。西元前 2000 年左右，他們製作了一種複合材料弓箭，由木材、牛角和筋製成。這種弓很小，可以在馬背上發射，但成有著非常強大的殺傷力，即使在超過 450 公尺的射程外仍具有致命性。當這樣的弓結合了靈活、強壯、耐力佳的草原馬，在亞洲和歐洲，像斯基泰人、匈奴人和馬扎爾人這樣的民族就變得令人感到恐懼。

西元前 2000 年左右，第一輛戰車出現，後來輾轉流傳到歐亞大陸和非洲。戰車是由馬匹牽引，通常最多 4 人一組，作用是弓箭手的移動平台，每小時行進速度可達 30 公里。西元前 1275 年，埃及人和西臺人在今日敘利亞大馬士革東北的卡迭石（Kadesh）發生了歷史上最大規模的戰車戰。上陣的戰車有 5000 輛，但雙方都沒有取得決定性的勝利，最後兩國締結了和平條約（世界上第一個文字紀錄的條約）。由於須要行走在平坦的地形，從那時起，戰車便逐漸式微，馬匹的育種則變得更強壯、體型更大，能夠攜帶全副武裝的戰士上戰場，因而淘汰了戰車（但中國一直使用戰車到西元前 3 世紀）。集結的衝鋒騎兵取代了戰車，他們通常是以突擊的方式攻擊敵方步兵。

改變了使用馬匹的方法後，下一個創新的是馬鐙。第一個馬鐙版本可能早在西元前 4 世紀就出現在亞洲，到了西元 5 世紀，已經在中國廣泛使用。後來馬鐙傳播到了全亞洲，到了 8 世紀，歐洲大部分地區都已在使用。馬鐙能使騎手順利控制馬匹，並讓他們在使用劍或長槍等武器時保持穩定，因此至關重要。此外，馬鐙與更複雜的馬具結合使用時，可以讓馬匹承載更重的負載量。

13 世紀時期，蒙古人建立了世界上最廣大的帝國，疆土從現今的韓國橫貫俄羅斯西部。蒙古人打下帝國的根本就在於馬、馬鐙和複合弓。蒙古戰士每人都擁有 3 到 4 匹坐騎，每天可以移動約 160 公里。騎士訓練紮實，行為準則嚴格，能夠對敵人快速發動協同攻擊。14 世紀中葉，當蒙古帝國開始衰敗分裂，人們學會了使用填裝火藥的武器，於是從根本上改變了馬匹的角色。

中世紀時期，大砲和火器的發明，淘汰了重裝騎士。儘管直到 19 世紀，作戰時仍會使用騎兵衝鋒，但騎兵通常已轉變為運用於小規模衝突、突襲、偵察和巡邏。馬對戰爭仍然至關重要，尤其是在戰場上拖運輕型火砲。馬也繼續作為馱獸，發揮著重要的軍事作用。在蒸汽鐵路和內燃機出現之前，若沒有馬匹來搬運裝備，任何大型軍隊都無法行動。事實上，即使在第二次世界大戰的機械化屠殺中，也使用了超過 700 萬匹馬，特別是在歐洲戰場東線。

布西發拉斯

亞歷山大大帝（西元前 356 ～ 323 年）建立了一個從埃及延伸到印度的帝國。他的重要伙伴是他的馬，名叫布西發拉斯（Bucephalus，意為「牛頭」，取自其身體上的胎記形狀），那是一匹巨大的黑色公馬。西元前 326 年，布西發拉斯在現今巴基斯坦的希達斯皮斯河戰役中陣亡。於是亞歷山大在附近建立了一座城市，就命名為布西發拉（Bucephalia）城，以紀念他的馬。

雞

＊＊＊＊

　　西元前 490 年，一支 2 萬人的波斯軍隊入侵希臘，在距離雅典 29 公里的小鎮馬拉松附近登陸。波斯帝國是當時世界上最強大的勢力，疆域從印度河流域到阿拉伯半島，再到北非，擴及巴爾幹半島。由於希臘城邦支持安納托利亞的叛亂，反對波斯統治，使得波斯人大為憤怒。為了防止希臘城邦未來會對波斯統治造成干涉，統治者大流士大

帝（約西元前 550～486 年）決定入侵希臘。率領希臘軍反抗的是雅典政治家兼將軍——特米斯托克力（西元前 524～459）。他帶著 10000 人的軍隊前往馬拉松，據說遇到了 2 隻公雞在打架。特米斯托克力受此啟發，於是敦促手下效仿公雞的好鬥精神，不要為土地或神明而戰，而是要為勝利的榮耀而戰。儘管希臘人沒有弓箭手和騎兵，但仍依靠集結起來的步兵，以強大的意志力迫使波斯人逃回他們的船上。10 年後，波斯的威脅再度出現，但希臘人也再度獲勝。雞通常象徵著勇氣和侵略性，但牠們也與膽怯和懦弱連結在一起。這呼應了人們對雞隻看法的改變：從鬥雞和儀式的重要組成部分，變成集約農業最糟面向的代名詞。

大約 7500 年前，東南亞和印度馴化了雞。這些雞隻主要是紅原雞，性情容易受驚，不擅長於飛行，很少遠離出生地。隨著時間的推移，雞變得更善於與人群居，到西元前 2000 年，雞隻已經遍布中國、大洋洲、中東和非洲。到西元前 8 世紀，腓尼基人則將雞隻引入了歐洲。

在野外，公雞占據了主導地位，在公雞的率領下，雞隻們成群結隊。在公雞之間，爭奪最高地位的鬥爭不斷，暴力戰鬥很常見。時至今日，世界各地的人們仍在利用這種侵略性讓公雞對戰。這個過程在全世界都大致相似：將 2 隻公雞放在圓形圍籬中對戰，有時會在雞爪

子上套刀片，互鬥直到其中 1 隻死亡或喪失行動能力才停止。鬥雞經常被用來賭博，人們經常會對雞施予藥物，以使牠們變得更強壯或更具攻擊性。

公雞象徵著男子氣概和陽剛之氣，而母雞則象徵著生育能力。直到上個世紀，人們主要願意飼養母雞，是因為母雞具有產蛋能力，而且即使母雞沒有與公雞交配也會生蛋（然而母雞有時會出現「育雛」行為，坐在未受精的蛋上抱蛋，不再生蛋）。古埃及人是第一個採取人為措施以提高母雞生蛋能力的民族。西元前 8 世紀中葉，他們就建造具有隧道和通風口的人工孵化場，以保持一定的溫度和濕度。這意味著，即使沒有母雞，雞蛋也可以孵化，因此可以讓母雞生產更多雞蛋。古羅馬人也很熱衷養雞，他們不僅吃雞，還會在儀式中使用雞隻。古羅馬有一種官稱作「pullarius」（養雞官），專門負責飼養聖雞。在諸如戰爭等事件發生之前，人們會將穀物放在聖雞面前。如果雞吃了穀物，象徵會成功；但如果雞忽視不吃，則表示失敗將會隨之而來。

雞肉和雞蛋的大規模生產始於 20 世紀初，當時發明了第一個電孵化器（後來的機器甚至可以轉動雞蛋），增加了飼養雞隻的數量。1944 年，美國真正開始飼養雞隻來食用，而不只是為了雞蛋。那一年發起了「明日雞」競賽，育種員被要求培育出一種能夠快速生長、生產更多可食用肉的雞。1948 年宣布的獲勝者是加州人查爾斯・范特瑞

斯（Charles D. Vantress）。農業公司很快抓住了這個概念，用不同的品種創造了專利的雜交種，這種雞只需要非常少量的食物就可以長到屠宰重量，性情也更加溫順，而且喪失了該物種曾經擁有的攝食本能。這表示雞可以擠在巨大的層架式雞籠農場中，以實現利潤最大化。養雞飼料中也開始添加抗生素，以預防雞隻感染傳染病，促進生長。雖然這些創新增加了產量（雞現在可以在飼養 6 週後屠宰，母雞每年可生產 300 多顆雞蛋），但代價卻是犧牲了雞的福利。

大象

‧‧‧‧‧‧‧

大象是現存最大的陸地動物，在世界各地的文化中都象徵著力量、智慧和權威。除了牠們的體型很大，最顯著的特徵是象鼻。牠們的象鼻靈巧又敏感，可以用來拾取物體、剝除樹皮或噴水；象牙是牠們門牙的延長，用於防禦、攻擊和挖掘；象的大耳朵可幫助身體散熱。大象共有三種，最大的是非洲叢林象，體重可達 6000 公斤，肩高超過 3 公尺；非洲森林象在 2010 年被確認為一個獨立物種，體型略小；亞洲象通常重約 4000 公斤，生活在印度半島半島和東南亞。

西元前 4000 年末，在印度半島東北部興起的印度河流域文明，為

人類馴養大象提供了最早的證據。從當地城市出土的圖章中，有的圖案描繪大象背上披著布，顯示大象被用來騎乘或役畜。大象的智慧讓牠們可以接受訓練，能與馴獸師建立密切的關係。然而，大象從未被完全馴化——部分原因是牠們的妊娠期長達 22 個月（所有哺乳類動物中最長的），使得選擇性育種變得困難。在飼養補給方面也是困難重重，因為大象每天都需要大約 130 公斤的食物。

西元前 6 世紀時，印度統治者已經注意到了大象的軍事潛力。大象的速度能夠達到每小時 40 公里，大肆破壞所到之處，大象的長牙（通常帶有尖刺）則可造成人體創傷。大象的身體可以成為戰爭平台，攜帶配備有彈射武器的士兵，也可以搭載指揮官巡視戰場，但是讓大象上戰場並不保證一定會勝利。西元前 326 年，旁遮普王國的統治者波

魯斯，為了對抗來自西方的入侵者亞歷山大大帝而部署了一百多頭大象。當雙方在希達斯皮斯河畔相遇，大象一開始對亞歷山大的步兵造成了巨大的破壞，但是之後步兵們重新集結，向大象的眼睛投擲標槍，並拿刀砍牠們的腿。這導致大象出現了一個常見的問題：牠們會驚慌失措並到處亂竄，對無論敵友都造成巨大的威脅（因此，馴象師會攜帶一把匕首，如果大象完全失去控制，就會用匕首刺入坐騎大象的腦袋）。最後雖然希臘人贏得了這一戰，卻也成為亞歷山大東征的極限。

古羅馬在戰鬥中也曾遭遇過大象，這件事首度發生於西元前 280 年。當時希臘國王伊庇魯斯的皮洛士（西元前 319 / 18 ～ 272 年）入侵義大利南部，阻止羅馬擴張。最初，他和坐騎象一起取得了成功，但羅馬人設計了應對策略，他們在豬的身上塗油再點火，然後將豬趕到象群間，據說豬隻可怕的尖叫聲使得大象四散驚逃。損失慘重的皮洛士於是在西元前 275 年被迫返國。

當羅馬共和國崛起成為地中海霸權後，最強大的敵人就是迦太基帝國。迦太基統治著北非、西班牙和西西里島的領土。兩國的第一次戰爭從西元前 264 年一直延續到前 241 年，最終以羅馬控制了西西里大部分地區告終。西元前 218 年，迦太基將軍漢尼拔（西元前 247 ～ 181 年）越過阿爾卑斯山，入侵義大利北部，與羅馬再次爆發衝突。漢尼拔的軍隊裡面有 37 頭戰象，他雄心勃勃，希望引導象群穿過高聳

大象金寶

人類經常役使大象來娛樂，其中一隻最著名的大象叫作「金寶」（Jumob）。牠是一頭在蘇丹捕獲的非洲草原象，1865 年被帶到倫敦動物園，成為最受歡迎的動物。1882 年，由於大眾的強烈抗議，動物園以2000 英鎊（超過現值 20 萬英鎊）的價格將金寶賣給美國馬戲王巴納姆（P. T. Barnum，1810～1891 年），短短兩週內就回收了成本。金寶與巴納姆的馬戲團巡迴旅行表演，直到 1885 年在加拿大聖湯瑪士因火車撞擊而死。

山峰間時而狹窄的山路，但最後整個隊伍卻只有 6 隻大象安全通過，到達義大利，並度過了隨之而來的冬天。漢尼拔並沒有被打倒，反而迎戰羅馬，贏得了一連串勝利。他留守在義大利，卻遲遲無法向羅馬推進。西元前 204 年，羅馬人同時入侵北非，使得漢尼拔不得不返回家鄉。在回國後的札馬戰役（西元前 202 年）中，漢尼拔被澈底擊敗。他的戰象向前衝鋒，羅馬人便打開防線，讓牠們衝過去，這就表示，象群在戰鬥中無法發揮重要作用。羅馬勝利後隨即併吞了西班牙，最

終在西元前 149 ～ 146 年戰勝迦太基，不僅摧毀了迦太基首都，也併吞掉所有殘存的領土。

　　過去在印度半島，人們視大象為戰爭武器，但自從出現了高效火藥武器後，預示著大象終將被淘汰。1526 年的帕尼帕特戰役就顯現出了這樣的預兆。當時蒙兀兒帝國軍隊入侵，擊敗了擁有 1000 頭戰象的德里蘇丹。蒙兀兒帝國的大砲嚇壞了大象，帝國軍還在駱駝身上載滿點燃的稻草，衝到象群中，更造成大象驚慌失措。在這場勝利戰爭後，蒙兀兒帝國成為印度半島的主導力量，一直持續到 18 和 19 世紀英國人崛起後。人們雖不再將大象用於戰鬥，但軍隊仍然使用大象作為駄獸或協助軍事工程。在茂密的森林、熱帶條件中，大象特別能發揮效用，這樣的配置一直持續到 20 世紀——例如在第二次世界大戰期間，盟軍用大象在緬甸叢林中建造橋樑；而在越南戰爭中，北越共產黨軍隊則使用大象運送補給物資和設備。

　　然而，人類的貿易對大象造成的傷害比戰爭更大。數千年來，人類一直視象牙為珍寶，因為它經久耐用且易於雕刻。到了 19 世紀，需求更達到顛峰，人們會將象牙製成種類繁多的物品，包括鋼琴鍵、撞球和鈕扣等，導致數以百萬計的大象遭到屠殺，結果現在野外剩下的非洲象不超過 40 萬頭，亞洲象也只剩大約 4 萬頭。如今大象在這兩個大陸都受到了保護，政府嚴格限制象牙貿易，但牠們仍然面臨盜獵和

棲地喪失的問題。更糟糕的是，大象是「關鍵物種」，這意味著牠們會影響整個生態系統。大象在一片土地上的移動，可為其他動物創造通道，許多植物也依靠大象的糞便讓種子發芽。因此，大象的消失不僅會導致這種雄偉動物的滅絕，還會傷害到其他物種。

龜

....

中文書寫系統是世界上最廣泛使用的系統，也是最古老的系統之一。它的發音和意義傳達利用了數千個字元，對東亞其他書寫系統發揮了重大影響，特別是日本和韓國的書寫系統。中文書寫系統可以追溯到西元前 13 世紀，最早人們會將文字書寫在龜殼等用具上。

龜類動物的分類屬於龜鱉目，龜鱉目裡面有 356 種爬行動物，牠們的身體都被包裹在硬骨（有些則是軟骨）殼中。由於肋骨和脊椎骨已與龜殼融合，龜殼無法與軀體分離，所以不會脫落。龜殼頂部，即背甲，藉由骨骼和軟骨與底部的腹甲相連。大多數龜類為水生或半水生，大部分時間都生活在水中，所以龜殼呈現流線型，有些物種還具有鰭狀肢幫助游泳，其中包括生活在海中的七種海龜，牠們潛水深度可達 900 公尺，還會長途跋涉，遷徙數百公里到特定的海灘產卵，產

卵完畢再撥土掩埋，隨即離開。最大的海龜（也是龜鱉目中最大的）是革龜，體重可達 900 公斤。與該物種的其他成員不同，它的龜殼並不呈硬骨狀，而是柔韌光滑的。大約有八分之一的龜類完全生活在陸地上，稱為陸龜。陸龜的背殼往往比較高，也比較圓，陸龜家族中最小的成員斑點珍龜，也是所有龜類最小的物種，牠們生活在南非，體長約 8 公分。

　　由於龜類的壽命長，行動緩慢（至少在陸地上是這樣），經常象徵著長壽、安穩和智慧。許多文化中都有類似巨龜的神話（無論是海龜或陸龜），巨龜把整個世界（或整個宇宙）背在背殼上。例如在印度神話中，就有巨龜背著大象，然後大象的身上背著整個世界，而這隻巨龜的名字就叫作阿庫帕拉（Akupara）。同樣的，在中國神話中，水神共工撞垮了天柱，創世神女媧為了補天，折神鰲之足撐四極。

關於中國文字書寫的起源，可追溯到 1899 年。一天，清朝國子監祭酒—王懿榮（1845～1900 年）感到他身體不適，僕人便給他帶來了「龍骨」這味藥材。龍骨是傳統中藥裡面一種常見的成分，磨成粉末可治療傷口和疾病。王懿榮見僕人拿來的龍骨上面刻有銘文，便吩咐他們回到藥房，將餘下約 300 多件龍骨庫存都買下來。這些龍骨上似乎有什麼重要的訊息，消息逐漸傳播開來，於是學者和收藏家們都紛紛開始購買研究龍骨。這些龍骨實際上包括有龜腹甲、牛肩胛骨等多種骨骼，過去多用作占卜工具，上面的文字則稱為「甲骨文」。

甲骨可以追溯到商朝（約西元前 1600～1046 年）。商朝起源於黃河流域，黃河流域曾出現過其他數個文明。商朝統治著華北和華中地區，是中國具有實體考古證據的第一個朝代。甲骨是在華中河南安陽市附近挖掘出來的。考古工作顯示當地是殷商的遺址，西元前 1300 年盤庚遷殷，西元前 1046 年帝辛亡國，而安陽市也就廢棄了。當地的遺址挖掘發現了成千上萬的甲骨。

在中國，商王問天以知吉凶，再決定行止，甲骨文的書寫便是一種與鬼神溝通的方式。占卜時，要將龜甲和貝殼等清理乾淨，表面拋光，在上面刻紋（有時會用墨水書寫），然後進行祈問鬼神的儀式。甲骨文的特色是象形文，這是中國文字的特徵。接著燒灼甲殼，甲殼便因應力而產生裂紋，再根據甲殼的裂痕來分辨神諭，經過解釋得到

結果，並告知商王是否應該採取某些行動（例如是否應該進行軍事行動）。如今已發現超過 15 萬片甲骨，找到四千五百個符號（有些符號尚待破解），甲骨文是中國文字書寫的一個發展過程。此外，甲骨上面還寫有商朝重大事件和人物等訊息。

今天，有許多龜類物種瀕臨滅絕。除了因為龜肉、龜殼和龜蛋的需求，另外就是汙染和氣候變遷的影響。其中海龜特別處於瀕臨危險之中，因為牠們失去了海岸線棲息地，加上海洋垃圾，還有漁網糾纏的危險意外。21 世紀以後，為了海龜的永續生存，人類必須保護牠們的陸地和海洋棲息地。

馬里拉國王

龜類是世界上壽命最長的動物之一。已知最長壽的龜是來自馬達加斯加的射紋龜，可能活到了 188 歲。據說庫克船長（James Cook）於 1777 年將一隻射紋龜贈送給東加王室。一開始以為是雄性，因此命名為 Tu'iMalila（馬里拉國王），但射紋龜於 1966 年去世後，檢查顯示牠應該是雌性。

卡比托利歐山的守衛鵝

....

羅馬帝國從英國延伸到美索不達米亞，首都羅馬在過去只是義大利中部眾多城邦之一。在西元前 4 世紀初，正當羅馬崛起為區域勢力之際，首度遭遇了一支外國軍隊的洗劫，受到嚴重破壞，儘管如此，羅馬城卻被一些看起來不起眼的動物所拯救，遠離澈底毀滅的命運，而這些動物竟是一群鵝。

羅馬始建於西元前 10 世紀左右（傳統認為是西元前 753 年），最初由國王統治，在西元前 509 年才轉為共和制度。成為共和國後，羅馬通過征服鄰國，成為拉丁特區的領導力量。隨著羅馬的進一步擴張，同時也面臨了新的威脅——此時高盧部落入侵義大利北部。大約在西元前 390 年（有些歷史記錄是 393 年），羅馬派軍隊擊敗了其中一個部落——由酋長布倫努斯（Brennus）率領的塞農部落（Senones）。後來雙方再度在距羅馬東北 16 公里的阿里亞河相遇，羅馬這次卻落敗，成千上萬的羅馬人被屠殺，倖存者跑到維愛（Veii）尋求庇護。維愛是羅馬當時占領不久的一座城市，有圍牆圍繞。在布倫努斯向羅馬進軍的道路上，這場戰役為他排除了障礙，於是率領手下洗劫了羅馬城。羅馬城剩下的一小隊駐軍，躲到卡比托利歐山頂的城堡避難，不

久賽農人便攻克了整座城堡。

　　根據幾個古老的記載，一天深夜，塞農人悄悄爬上卡比托利歐山進攻羅馬人。他們躲過了衛兵和看門狗，準備澈底摧毀羅馬抵抗的最後堡壘，直到一記響亮的鳴叫聲打破了沉默。塞農人驚醒了一群鵝，這些鵝是朱諾神廟的祭司所飼養，朱諾神廟供奉婚姻和生育女神，也就是朱庇特的妻子。鵝群吵醒了羅馬前任執政官（羅馬最高民選職位）曼利烏斯・卡皮托利努斯（Marcus Manlius Capitolinus，西元前 384 年），於是他擊倒了一名爬到山上的高盧人。其餘守備部隊驚醒後也加入擊退敵人的行列，拯救了羅馬。

　　鵝會有此表現並非不可思議。鵝不會特別怕人，對領土的意識很強，而且眾所周知，當有危險接近或受到打擾，牠們就會大聲鳴叫。鵝的聽力很好，視力也比人類好，甚至可以感知紫外線，這讓牠們的視力更敏銳。因此，讓一群鵝來站崗，不比人類或狗差。

　　塞農人被趕出卡比托利歐山之後，圍攻仍持續進行。根據一些紀錄顯示，這場圍攻持續了 7 個月。與此同時，羅馬城以外的羅馬人在政治家馬庫斯・福利烏斯・卡米盧斯（Marcus Furius Camillus，約西元前 446 ～ 365 年）的領導下重新集結，他們任命馬庫斯為獨裁官（一種臨時官職，通常在緊急軍事情況下設立，將國家全部權力賦予擔任此職務的人）。最終，由於雙方食物短缺，塞農人又沒有妥善埋葬死

者造成感染疾病蔓延，因而開啟了和平談判。羅馬人同意付給布倫努斯 450 公斤黃金，讓他帶領軍隊離開。就在即將完成黃金的交付時，卡米盧斯趕到現場，宣布這場協議取消，羅馬會給塞農人「鐵，而不是黃金」。卡米盧斯隨後率領軍隊，在羅馬戰痕累累的街道上對抗塞農人。塞農人被趕出羅馬，隨即敗於第二天的一場激戰。然而，並非所有的歷史記載都如此戲劇化，有些人認為，賠款實際上已按時支付，因此塞農一族才撤退。

不管塞農人是如何離開的，總之，羅馬在一年內便重建，且新城牆蓋得更好更堅實。西元前 344 年，為了答謝神明的警告和預言，羅馬人還在卡比托利歐山上建造了一座新的朱諾神殿。為了紀念羅馬城從徹底毀滅的險境中生還，他們還舉行了一場稱為「揚鵝懲狗」（supplicia canum）的儀式。後來每年，羅馬人都會吊死狗並懸掛在木樁上，並且將鵝穿上尊貴的紫色和金色衣服，在街上遊行。羅馬日後不斷壯大，西元前 3 世紀後期，幾乎控制了整個義大利半島，逐漸擴張成為世界歷史上最偉大的帝國之一。直到西元 410 年，西哥德人洗劫了這座城市，羅馬才再次受到掠奪。那時，羅馬正在逐漸衰落中，到了西元 5 世紀末，羅馬帝國在西歐的勢力便宣告瓦解。

天鵝

宙斯曾化身天鵝，勾引斯巴達王后麗達王后，他們的孩子就是引發特洛伊戰爭木馬屠城的絕世美女海倫。天鵝在北歐和愛爾蘭神話中也占有重要地位，在印度教中，天鵝是智慧、純潔和超越的象徵。

大羊駝

············

在歐洲人來到美洲新大陸之前，印加帝國是那片土地上最強大的力量，勢力擴展到安地斯山脈首都庫斯科以外。西元 14 世紀初，印加帝國開始征服周邊地區。到了 16 世紀初，印加人控制的領土沿著南美洲西部延伸了 4000 公里，統治人口有 1200 萬。印加帝國是一個高度組織化的國家，擁有完善的行政和基礎設施。印加力量和其他早期安地斯文化實力的一個主要來源是大羊駝（llama，又稱駱馬），牠是美洲人所馴化體型最大動物。

大羊駝是駱駝科的一員，但與牠的遠親駱駝不同，沒有駝峰。大

羊駝 4000 多萬年前出現在北美大平原上，而其祖先大約在 300 萬年前遷徙到南美洲。牠們比其他動物具有更多的紅血球，藉此以增加血液中可攜帶的氧氣，以及更大的肺活量，以適應安地斯山脈高海拔地區的生活。

6000 多年前，大羊駝由一種叫做原駝的小型動物馴化而來，目前原駝仍大量生活在野外。大羊洲駝具有許多自然特徵，使其非常適合充當馱畜。牠們是高度群居的社會化動物，成群結隊的生活，而且安於大群體中。牠們每天可以攜帶大約 35 公斤的東西步行 30 公里。大羊駝很溫馴順從，除非超載或疲倦——在這種情況下，牠可能會拒絕移動、踢腿或吐口水。大羊駝很能忍受口渴，吃的草料種類範圍很廣。印加人還將大羊駝用於其他目的，會吃牠們的肉，將牠們的脂肪製成蠟燭，並把牠們的駝糞用作肥料，還用糞便製作陶瓷或曬乾作為燃料來源。最後，大羊駝的羊毛還可以用來製作織物，像是地毯和繩索。

羊駝（alpaca）是另一種駱駝科動物，在安地斯山脈的馴化時間幾乎與大羊駝同時。羊駝源自另一物種——小羊駝（vicuña）。羊駝體型比大羊駝小，身體更圓，喜歡更高的海拔。比起作為馱畜用，人們更重視牠的羊毛。羊駝的毛堅固、輕巧，是一種極好的天然絕緣體，因此多保留下來為貴族階級製作紡織品。

印加人不是第一個運用大羊駝的安地斯文明，但他們肯定是最廣

泛運用大羊駝的。印加當局會精心飼養管理大群大羊駝，利用牠們運載幾百人隊伍的貿易貨物，穿梭在縱橫交錯的道路和小徑上，將高地和低地地區連接起來。每年11月，印加當局都會對大羊駝進行年度普查，並以奇普（quipu，古印加人一種結繩記事的方法）來記錄，這是一種用於保存紀錄的打結繩索方式。當局也會迅速採取行動以防止大羊駝爆發疾病——當一隻生了病，當局會將其撲殺並掩埋，以防止疾病傳播開來。印加農業高度發達，印加人建造了梯田，並利用灌溉系統來種植玉米和馬鈴薯等農作物，尤其因為利用了大羊駝的糞便而大大增加了產量。

大羊駝的重要性體現在印加文化的許多方面。根據印加神話，印加人的起源是在帕卡里坦博村（Paqaritampu，距離庫斯科以南25公里）

附近的三個洞穴中。在印加人出現的同時，大羊駝也出現了，這反映了大羊駝在印加社會中的核心地位。大羊駝在印加儀式中也有重要作用，牠們經常被當作祭品獻給眾神，牠們的木乃伊遺骸（以及牠們金色的小雕像）經常與地位高的人一起埋葬。印加人還以大羊駝的名字命名了他們最重要的星座之一——美洲駝座（Yacana），他們相信，這是印加能量的來源。

1532 年，由於西班牙征服者法蘭西斯克・皮薩羅（Francisco Pizarro，約 1471 / 6～1514 年）和 168 名男子的到來，印加的偉大時代結束了。外來者人數雖居於劣勢，但他們的鋼製武器、盔甲以及火藥武器卻足以彌補這分不足。西班牙人還有馬，與大羊駝不同的是，馬可以載人，而且很強壯，可以驅動機械以及拉輪式車輛（儘管在很多方面這都沒有實際意義，因為印加人從未開發出車輪）。西班牙人抵達後不久，就在卡哈馬卡戰役中大敗印加人，俘虜了帝國統治者。第二年，皮薩羅和一群手下占領了庫斯科，具體結束了印加帝國的統治，開啟了西班牙帝國對印加領土的控制。

西班牙的殖民幾乎意味著大羊駝時代的終結。到了 17 世紀初，由於來自歐洲的新疾病、為了取得肉而殺死大羊駝，以及牧場轉而用來飼養綿羊等緣故，使大羊駝的數量下降超過 80%。但是，南美原住民仍繼續使用大羊駝作為駄獸，並保護著該物種。到了 20 世紀後期，大

羊駝已分布至南美洲之外。牠的羊毛廣受歡迎，如今在美國和英國等國家越來越受歡迎。此外，大羊駝還有其他用途，包括動物療法和守衛，以保護其他牲畜免受掠食者的侵害。

信鴿

. . . .

1870 年 9 月 19 日，普魯士軍隊與德國盟友一起圍攻巴黎。巴黎城被包圍，要想突圍，很容易會遭受挫敗，而且沒有救援部隊前來，巴黎人民被迫面臨漫長飢餓的冬天。由於電報電纜被切斷，巴黎與外界的主要聯絡只能通過攜帶郵件的熱氣球。而有些人則帶來了一種已經運用數千年的通訊動物——信鴿。

當這些鴿子降落在德軍後方，法國人將訊息綁在牠們身上，讓牠們帶回陷入困境的首都。傳遞訊息的媒介是當時最先進的微縮膠片，人們從鴿子身上回收這些膠片，然後用幻燈（一種早期的投影儀）投影，並轉錄下來，傳送出去。儘管 360 隻鴿子中只有六分之一返回了巴黎（普魯士人用槍和老鷹擊落了牠們），但仍然傳遞出了 6 萬多條訊息。巴黎圍攻於 1871 年 1 月 28 日結束，德軍貫穿巴黎，但傳信這件事提醒人們注意到了信鴿的獨特才能。

信鴿是由野鴿馴化而來，野鴿生活在在野外的沿海懸崖和山上。自西元前 3000 年以來，人們一直選擇性地繁殖這些野鴿，野生鴿子已適應生活在世界各地的城鎮。即使在 900 多公里以外的陌生地區放飛，信鴿也能找到回家的路。信鴿是強壯有力的飛行家，飛行速度可達每小時 90 公里左右。科學家們認為鴿子是通過感應地球磁場來找到行進路線，但研究也顯示，牠們能夠使用記憶中的地標進行導航（人們觀察到鴿子會沿著高速公路飛行並在交叉路口轉彎）。這意味著，在 1840 年代電報出現之前，利用信鴿是最快、通常也是最可靠的遠程傳訊方式。

自從信鴿在巴黎圍城戰中發揮了有效作用，人們意識到，在戰爭中，電報服務可能隨時會中斷，而信鴿可以在戰爭期間的通信中發揮至關重要的作用，因此歐洲各國政府便建立起常備的信鴿部門。但當時英國沒有即時跟上這股風潮，這使得人們擔心自己國家可能會落後。阿爾弗雷德・奧斯曼（Alfred Osman，1864～1930 年）是縮小這一「鴿子差距」的重要推動者之一。他是《賽鴿週報》（*The Racing Pigeon*）的報社老闆，這份報紙服務的是成千上萬的鴿子飼養者以及在鴿賽中賭博的人。1914 年第一次世界大戰爆發後不久，奧斯曼成立了鴿戰志願軍委員會，並無償經營這個組織。其首要的重大行動就是在英格蘭東部海岸沿線建立一個鴿舍網路站點，使船隻和水上飛機能夠發送通

知，傳遞北海敵人海軍活動的訊息。接著，他進而督導西線的信鴿部署，在許多改裝的公共汽車頂部安裝了可容納 60 多隻信鴿的移動鴿舍。儘管前線戰壕與總部之間的通訊能夠以電報連結，但經常被砲擊切斷，而且並非總是能夠及時修復。在這種情況下，前線的士兵以及進入無人區的士兵都可以運用信鴿向指揮官發送訊息。坦克乘員也會攜帶信鴿，儘管有時油煙會讓牠們感到惶惑。裝在籠子裡的信鴿被分發給比利時間諜，當他們跳傘到德軍後方後，就讓信鴿送回關於敵方陣地的報告。到第一次世界大戰結束時，奧斯曼的組織中有 350 多名管理人員，分發出了 10 萬隻鴿子。

在第二次世界大戰開始時，軍隊可以使用攜帶式野戰電話和無線電收發器。然而，這些新技術仍然容易受到技術故障、損壞，或信號干擾、中斷等影響，於是英國政府再次將注意力轉向信鴿。1940 年 6 月，官員們發起呼籲，鼓勵鴿友主動讓鴿子參與服役。其中在 1941 年 4 月 8 日開始的鴿子行動，最可見其雄心勃勃的壯志。在這場行動中，英國皇家空軍在納粹占領歐洲期間，從丹麥到法國南部總共投放了 16554 隻信鴿。牠們被放置在裝有一封信和問卷的容器中，發現這些鴿子的人便可填寫，再放入夾在鴿子腿上的圓筒裡。這是鼓勵人們傳遞德軍動向和陣地、潛在轟炸目標等相關訊息，甚至能否收聽到英國國家廣播電台。這些訊息對於幫助塑造德國軍隊的部署情形至關重要，

雪兒阿米

第一次世界大戰期間，美國人也飼養自己的服役信鴿，數量達 6000 隻，其中最著名的一隻鴿子名叫雪兒阿米（Cher Ami），法語意思是「親愛的朋友」。1918 年 10 月 4 日，在阿米的第 12 次任務中，牠的胸部和腿部中彈，一隻眼睛失明，但仍飛回到鴿舍。傳遞訊息的紙條仍連在殘存的一根肌腱上，顯示一個友營的位置。這個營經過猛烈砲火，孤立無援，卻因阿米而得救，共有 194 人獲救。之後，阿米裝上了一條木腿，在獲得法國英勇十字勳章之後，回到美國的家，第二年在美國去世。

尤其是在諾曼第登陸之前。信鴿也分發給軍事人員，特別是轟炸機的機組人員，他們會將鴿子裝在特殊的防水容器中。事實證明，信鴿也能用來救命，例如 1942 年，一架英國轟炸機在北海迫降，機上人員放出信鴿，這隻叫做 Winkie 的鴿子飛了 190 公里，到達在蘇格蘭東部丹地（Dundee）附近的鴿舍。於是救援任務展開，僅 15 分鐘便找到機員。因為這隻鴿子的傑出貢獻，1943 年，牠成為首批獲得英國最高軍事榮譽迪金獎章的動物之一，該獎章旨在表彰軍事和民防部隊服役動物的英勇事蹟。在二戰期間，又有 31 隻信鴿獲得了同樣的榮譽。現今英國人仍在飼養繁殖信鴿，受到鴿友的高度評價，並舉辦競爭激烈的競賽，但如今已被視作一種過時的通訊方式。

鴯鶓

. . . .

無數物種都遭受過人類親手的暴力對待，1932 年，這種情況竟升級為直接的武裝衝突。當時，澳洲軍隊試圖在軍事史上發動一場最不尋常的「戰爭」──為了消滅數千隻鴯鶓。

澳洲與其他大陸分離超過 3500 萬年，這意味著它已經發展出一些地球上最獨特的動物，包括袋鼠、短尾矮袋鼠、澳洲針鼴、無尾熊和

袋獾。鴯鶓是澳洲本土的第二大鳥類。牠身高 1.5 到 1.8 公尺，重達 45 公斤，不會飛，相對來說翅膀較小，只有 20 公分長。鴯鶓以其奔跑能力彌補了翅膀的不足，牠的行進速度可以達到每小時約 50 公里。鴯鶓會成群結隊地穿越澳洲大地，以水果、種子、嫩芽和小動物為食。

人類於 50000 多年前從東南亞來到澳洲。澳洲原住民在這個大陸上定居，建立了世界上最古老悠久的文明之一。雖然有一些族群從事農業，但在大多數情況下，澳洲原住民都是以游牧、狩獵、採集的方式生活。鴯鶓是人們的食物來源之一（也會利用牠們的骨頭、羽毛、脂肪和筋），透過模仿鴯鶓叫聲，用網捕捉牠們，或是在飲水池下毒來對牠們設下陷阱。鴯鶓的大型綠殼蛋重達 400 克，也是一種有用的蛋白質來源。正如在狩獵、採集社會中所常見的，澳洲人口增長很少，一直到 18 世紀後期，可能只有 30 萬原住民人口。

這種情況在 1788 年發生了變化，當時一艘載有 1000 多人的英國船隊抵達了雪梨的植物學灣，原本想要建立一個監獄刑犯流放地。歐洲人從前曾到過澳洲，始於荷蘭航海家威廉・揚松（Willem Jan-szoon，約 1570 ～ 1630 年），但這批英國船隊卻建立了第一個永久殖民聚落。這支「第一艦隊」標誌著歐洲對澳洲的大規模殖民，將有數以百萬計的移民隨之而來，遍布整個澳洲大陸。當時英國人完全忽視澳洲原住民的所有財產權，英國人宣布，這片土地為「無主地」，空

置且不屬於任何人。成千上萬的原住民因殖民者的暴力以及新疾病傳播而死，他們沒有對這些疾病的免疫力。歐洲殖民者還引進新的動物物種，如貓、狐狸、兔子和豬等，使當地動植物受創慘重，其中最具破壞性的是毒美洲蟾蜍。1935 年，為了控制甘蔗甲蟲，人們從夏威夷引進這種蟾蜍。甘蔗甲蟲會破壞甘蔗作物，於是殖民者在昆士蘭北部放出約 2400 隻美洲蟾蜍，活動範圍擴散到約 2000 公里，如今數量則已超過 2 億。這些美洲蟾蜍持續在破壞本地物種，導致一些原物種滅絕。

1901 年，6 個英國自治殖民地聯合起來，組成澳洲聯邦。第一次世界大戰期間，有超過 40 萬名澳洲人加入軍隊，當時澳洲政府制定了一項計劃，在解除動員後，授予土地給退伍軍（但是澳洲原住民的退伍軍人並沒有這項資格）。許多殖民者退伍軍在澳洲西部獲得了土地，西澳州的面積超過 250 萬平方公里，是澳洲面積最大的州土，但人口稀少。政府鼓勵人們種植小麥，並提供補貼。到了 1932 年，這些農民卻陷入了困境——當時世界陷入大蕭條，因此澳洲政府無法支付補貼，當地還發生了乾旱，更雪上加霜的是，兩萬隻鴯鶓侵入澳洲西南部坎皮昂鎮周圍地區。牠們推倒柵欄，踐踏小麥作物，甚至吃掉麥苗嫩芽，危害到了整個地區的收成。於是絕望的農民為了尋求援助，積極說服東部坎培拉的聯邦政府。

　　於是，澳洲皇家炮兵團第七炮兵連馬里帝茲（G.P.W.Meredith）少校率領 2 名士兵前來救援。他們裝備了兩支路易士機槍（每分鐘可發射 500 發子彈）和 10000 發子彈。由於聯邦政府想要宣傳他們對農民的支持，還派遣一名攝影師陪同，隨行這場軍事行動。馬里帝茲和手下士兵於 10 月初抵達，但下雨使鴯鶓分散開來，這意味著針對鴯鶓的行動只能推遲到下個月。11 月 2 日，馬里帝茲和 2 名士兵在坎皮昂外紮營。當時有 50 隻鴯鶓接近他們的位置，馬里帝茲便要求當地農民從側翼將牠們趕往射擊線。但事與願違，鴯鶓跑到了射程之外，牠們只遭受到有限的傷亡。兩天後，馬里帝茲嘗試了另一種策略——他在一個水坑附近伏擊了一群鴯鶓，但由於鳥群分散太快，只殺死了幾十隻鴯鶓。為了追捕鴯鶓，馬里帝茲將機槍安裝在卡車上。當地崎嶇的地

形讓鴯鶓很容易逃跑，也使得人們不可能瞄準射擊。到了11月8日，馬里帝茲只殺死了200隻鴯鶓，並被政府召回。應農民要求，他於11月13日再度返回，但一週後仍未造成鴯鶓的重大傷亡。士兵們報告說，鴯鶓很難被殺死，只有頭部中彈才能擊倒牠們。馬里帝茲聲稱他總共殺死了1000隻鴯鶓，但真正死亡的鴯鶓數字可能要少得多，牠們在當地仍然是燙手山芋。看來，鴯鶓贏得了這場「戰爭」。從長遠來看，想要控制管理鴯鶓，就必須給與農民子彈，還有改善圍欄的補助金。如今鴯鶓和人類之間的爭端似乎已經緩和，西澳洲目前成為世界上最重要的糧食產區之一，而澳洲全國鴯鶓群體的數量也超過了70萬隻。

鴕鳥

鴕鳥是世界上現存最大的鳥類，可以長到2.7公尺高，體重可達160公斤。鴕鳥跑得比鴯鶓更快，衝刺時可以達到每小時70公里。牠們的眼睛寬約5公分，是所有陸地動物中眼睛最大的。

第3章

傳說、宗教和象徵意義

貓

. . . .

　　貓科共有 37 個物種，由包括老虎、獵豹和獅子等所組成，其中貓是最小的成員。貓與人類一起生活了大約 9500 年，最早馴化是在西亞。當時，美索不達米亞開始出現農業革命，使得該地區建立了農村，吸引小型囓齒動物和鳥類在田野和糧倉中尋找食物。這為肉食性的野貓提供了食物來源，於是牠們開始生活在這些人類定居點和周圍地區。幾代之後，這些野貓逐漸馴化，儘管仍保留了野生祖先敏銳的狩獵本能，但卻越來越接近人類，最後終於搬進了人類的家園。貓是控制害蟲的理想生物，牠們具有敏銳的嗅覺、聽覺和視覺，敏捷且平衡良好，爪子鋒利、可伸縮。來自西亞的貓，逐漸遍布歐亞大陸和非洲。在西元前 3300 年左右，中國華中地區獨立將野生豹貓馴化成家貓。從當地農村挖掘出土的骨頭可看出，牠們會捕捉以穀物為食的小型囓齒動物，但這種馴化版豹貓，不到 3 個世紀便消失了。

　　古埃及文明最為崇敬貓，埃及人早在 6000 多年前就開始飼養貓。西元前 3000 年中葉，埃及人宣布貓為神聖的動物，並成為崇拜的對象。他們會用貓的青銅模型當作供品，佩戴貓的小雕像作為護身符。在埃及古城布巴斯提斯（Bubastis），出現了對太陽神拉（Ra）的女兒——貓首人身女神芭絲特（Bastet）的崇拜。芭絲特起初是一個好戰的母獅女神，但隨著祂與貓有越來越多的連結，祂的形象變得更加溫和，成為懷孕和分娩的守護神，並且也是抵禦邪靈和疾病的庇佑者。在布巴斯提斯有一座巨大的神廟，供奉女神芭絲特，當地還發現了成千上萬隻貓的木乃伊。在古埃及，一個家庭中的貓死後，人們經常將牠們製成木乃伊，而且牠們通常會被埋在主人旁邊（通常會與老鼠木乃伊放在一起，靜待來生）。事實上，一隻貓的死會讓古埃及人感到悲痛，所以他們視為傷害貓為一種禁忌。直到西元前 5 世紀中葉，殺死貓還

會被處以死刑。

　　埃及的土地大多乾旱，卻因為尼羅河提供河水而繁榮發展。尼羅河每年都會氾濫，而這有助土壤肥沃。由於蓄積食物是財富和聲望的基礎，而貓能有效保護這些存糧，免受害蟲侵害，所以古埃及人會如此尊重牠們。可是最終，這樣的情況卻對牠們造成負面影響，加速了埃及法老的垮台。西元前 525 年，波斯帝國坎比塞斯二世（卒於西元前 522 年）入侵埃及，他的軍隊逼近到了尼羅河三角洲東部的重要城市貝魯西亞（Pelusium）。一個古老的消息來源顯示，波斯士兵將貓趕到面前，將牠們抱在懷裡，並將貓的圖像畫在盾牌上。這使得埃及人不願與波斯人作戰，於是波斯人便取得了決定性的勝利。波斯人接著征服了首都孟菲斯（Memphis），使埃及成為波斯的一個省。此後，直到埃及在 1953 年獲得獨立，成為共和國之前，都受到各種外部勢力（包括希臘人、羅馬人、拜占庭人、阿拉伯人、土耳其人和英國人）直接統治或殖民。

克里米亞湯姆

1855 年 9 月 9 日，克里米亞戰爭期間，英法聯軍在經過長達 11 個月的嚴峻圍攻後，占領了俄羅斯要塞城市塞瓦斯托波爾（Sevastopol）。聯軍在這座滿目瘡痍的城市裡尋找補給品時，一名英國軍官在廢墟中發現了一隻貓，於是他收養了這隻貓並取名為湯姆。湯姆隨後在廢墟中嗅出儲藏的食物，幫助拯救了英國和法國士兵免於飢餓。牠後來被帶到英國，於 1856 年去世。

儘管法老禁止人們帶貓離開埃及，但從西元前 1500 年左右起，馴化的貓就從埃及分布到歐洲。最初是腓尼基人將貓沿著貿易路線運送過去的。腓尼基人是海上民族，來自現今黎巴嫩的他們在古地中海沿岸建立了商業帝國。腓尼基人將貓帶上他們的船，原本可能是用來抵制老鼠等害蟲，不論是在海上還是陸地，貓都一樣擅長做這些事。後來，從西元 16 世紀到 19 世紀，貓以同樣的方式，經由歐洲船隻去到到美洲、澳洲等其他地方，但這樣的情況通常都會對當地的野生動物造成傷害，因為對新來的侵入者來說，很容易捕獵這些野生動物。事

實上，貓已經導致至少 33 個物種滅絕，每年殺死的鳥類和小型哺乳動物約有數 10 億隻。

如果說古埃及是貓崇拜的頂點，那麼中世紀的歐洲則剛好相反，對貓的厭惡到達頂點。在許多基督徒眼中，貓，尤其是黑貓，被視為一種惡毒力量，是邪惡的代表。據說，與魔鬼結盟的人，例如女巫，會把貓當作她們作惡的「嘍囉」（用來做壞事的動物），有時貓也會與異端團體扯上關係。在黑死病（1346～1353 年）期間，貓首當其衝，經常被認為是散播疾病的源頭，導致數千隻貓被殺死。貓在東亞的評價則比較正面，人們認為貓能帶來好運。在日本，招財貓的小雕像成為了許多家庭和商業中流行的幸運護身符，這是來自一則日本傳說。據說有一貓因為將天皇引進到寺院中，而拯救他免於被閃電擊中。然而在泰國（舊名為暹羅），貓作為家庭生活和富裕的象徵，非常受人喜愛。貓在泰國皇室中有著特殊的地位，皇室會飼養和繁殖貓，由此可知，泰國是許多最受喜愛和歷史悠久的貓品種的生息地，包括暹羅貓和鑽石眼貓（泰語意義為「白寶石」）。

幸運的是，對貓（及飼主人類）來說，到了 19 世紀，西方對貓的負面眼光已經減少。貓如今成為世界上最受歡迎的寵物之一，也是萬千家庭心愛的成員。

歐洲棕熊

. . . .

　　許多文化都以敬畏、愛和尊重的態度來對待熊。熊有八個物種，牠們通常是優秀的攀爬者和游泳者，具有極好的嗅覺、強烈的咬合力和好奇的天性。除了南美洲安地斯山脈的眼鏡熊外，其他熊都生活在北半球。熊的棲息地範圍從北極熊漫遊的北極圈，到馬來熊棲息的東南亞熱帶森林。絕大多數的熊都生活在森林中，分布最廣的是棕熊，從西班牙穿過歐亞大陸到日本北部。灰熊是棕熊的一個亞種，生活在北美。

　　有一種萬物有靈論的概念，指的是植物、動物、無生命的物體和景觀特徵，裡面具有某種形式的靈性本質，這個概念存在於世界各地的宗教信仰體系中。在這些文化中，物質世界和精神世界之間通常沒有嚴格的界限，因此可以在兩個存在層面之間移動。隨著基督教以及隨後的伊斯蘭教興起，這些宗教經常被定性為「異教」，並受到迫害和強迫皈依，導致衰落。儘管如此，異教和萬物有靈論的習俗和信仰，經過許多世紀都難以完全消除，在許多地區仍繼續頑強地堅持下去，尤其是偏遠的農村地區。鑑於棕熊強大、威武的天性，許多「異教徒」便將其置於精神世界的中心，甚至將牠們視為祖先或指導靈。

　　在 12 世紀和 13 世紀時期，芬蘭人尚未改信基督教，當時他們也是異教徒，認為棕熊是一種神聖的動物，也是森林的守護者（現在是芬蘭的國家代表動物之一）。芬蘭有一種稱為 Karhunpeijaiset 的慶祝活動，是這方面的核心活動，人們會在儀式上殺死熊，然後運回村子裡舉行盛大的宴會。人們會切割熊肉分送，並取出熊牙作為護身符佩戴。人們相信，這會讓人們擁有屬於熊的感官和力量。宴會結束後，人們會唱著歌，將熊的頭骨和骨頭帶回森林裡，然後將熊的頭骨掛在一棵樹上，其餘骨頭則埋葬起來。這種儀式表現出對熊的尊重，也表現出人類對自然的掌控。

　　西伯利亞的原住民也同樣崇拜棕熊。例如，鄂溫克人相信熊是世界的創造者，負責將火送給人們當作禮物。許多鄂溫克人將熊視為祖先們早期存在於地球的證明，會稱熊為「祖父」或「父親」。為了表

達這種敬意，尼夫赫人會舉行一種儀式，先捕獲一隻小熊，並將其作為村裡的一員撫養，然後讓牠穿上儀式禮服，接著宰殺小熊，象徵著牠回歸了靈性世界，希望牠在未來能夠帶給族人祝福。這種儀式以及西伯利亞其他民族的類似儀式，甚至在共產黨統治開始之後仍持續著，但也有人認為那是過時的迷信，試圖加以禁止。儘管對棕熊的崇拜是不受許可的，但在共產主義時代之前、期間和之後，它仍然是俄羅斯民族一個永久的象徵。

在日本 5 個主要島嶼中，北海道位於最北端。北海道的原住民是愛努人，他們在 20000 多年前穿越西伯利亞陸橋，到達當地定居。愛努人從事狩獵採集及農業，他們維持著一個與日本其他地區大不相同的社會。這種情況一直持續到西元 16 世紀，當時日本統治者開始向北擴展勢力，並聲稱控制了北海道。許多日本人到北海道定居，愛努人的人口因此受到暴力行動和疾病而減少了。儘管如此，愛努人依然保有自己的文化和語言，並且得以保存他們的習俗知識。其中最著名的就與棕熊有關。像許多西伯利亞原住民一樣，愛努人將棕熊視為親近的同類，部分原因是熊和人都共享魚類和漿果等雜食性食物。對愛努人來說，熊是一種神性的存在，藉由熊的肉體和皮毛造訪這個世界。在一個稱作「送熊」的儀式中，人們會在冬季收養一隻小熊，把牠當作村里的一員撫養著，不僅會用人類的食物餵養小熊，有時甚至由女

大貓熊

中國華中、華南地區，有一種大貓熊，是世界上唯一的草食性熊，牠有著引人注目的黑白毛皮，是一種極具標誌性的物種。大貓熊黑色毛皮的部分可以幫助牠們隱藏在森林的陰影中，而白色部分則可以作為雪地中的偽裝。每隻大貓熊眼睛周圍的黑色斑塊都不同，具有獨特的大小和形狀，助於牠們識別彼此。

性哺乳。2、3 年後舉行儀式，人們用箭射牠，然後勒死牠並斬首，以釋放牠的靈魂，讓靈魂回到天堂，留下毛皮。祭祀之後會舉行三天的宴會，人們唱歌跳舞。透過這個儀式，棕熊不僅滋養了部落，也提醒了人們與大自然間有著緊密的連結。

灰狼

. . . .

灰狼生活在歐亞大陸和北美，簡稱為「狼」。牠們具有很強的適應性，能夠生存在沙漠、森林和北極苔原上。灰狼的分布曾經更廣，遠至日本、墨西哥和中國南部都有牠們的身影。雖然灰狼並非原產於非洲，但有一個相關的物種——衣索比亞狼，生活在非洲大陸，直到最近，衣索比亞狼才被歸類為是一種灰狼的親屬，是生活在衣索比亞高原、屬於瀕臨滅絕的物種。

狼在許多文化的神話中都有著顯著地位，可以是兇猛的敵人，也可以是勇敢的祖先。狼是不知疲倦的獵手，通常每天至少行進20公里，最高時速可接近 65 公里。也許狼如此受人崇敬的原因是牠們的族群結構，可謂是忠誠和團結的代名詞。狼生活在數量由 6 到 10 隻組成的領地性群體中，關係密切，通常由一對「首領」配偶及其後代組成。及

至性成熟後，後代可能會再加入群體，或像「孤狼」一樣度過一段時間，再形成另一個群體。現今我們觀察到較大的狼群約由 40 隻狼所組成，但往往只是暫時性的存在。狼群會一起尋找食物，透過氣味標記、肢體語言和嗥叫進行交流。狼隻的合作，讓牠們可以獵殺大型動物，例如麝牛、麋鹿或熊。

在所有神話中，最具破壞性的狼名叫芬里爾（Fenrir），出現在北歐和日耳曼的民間傳說中。芬里爾是邪神洛基和女巨人的孩子，牠成長得非常兇猛巨大，使眾神不得不用鎖鏈將牠固定在地上，並用劍封住牠的嘴。然而，根據預言，當世界末日的諸神黃昏降臨，芬里爾將會掙脫，並吞噬太陽。這種失控的獸性主題，構成了中世紀晚期和現代歐洲早期人們普遍信仰狼人的一部分。人們相信，通過惡毒的詛咒或咬傷，有些人會變成狼（或一種人狼混合體），造成混亂和流血，時間通常是發生在每個月的滿月。在歐洲獵巫熱潮中，成千上萬的無辜者（其中絕大多數是女性）遭受暴力和迫害，其中一些人便是因狼人而受到審判和處決，最著名的是彼得‧斯通普（Peter Stumpp，卒於 1589 年），他是一個德國農民，被判決殺害了 18 人。斯通普聲稱，魔鬼給了他一條腰帶，使他能夠變形為狼。到了 18 世紀中葉，正如女巫審判的情況大幅消退一樣，狼人的疑似病例也有所減少，但女巫和狼人兩者在流行文化中仍象徵著力量和永生。

在世界歷史中，狼與兩個最偉大帝國的神話具有本質上的連結。羅馬的傳奇創建人是羅穆盧斯（Romulus），他是火神和來自義大利中部城邦阿爾巴隆伽（Alba Longa）公主雷亞‧西爾維亞的後裔。在嬰兒時期，羅穆盧斯和孿生兄弟瑞摩斯（Remus）被國王叔叔阿穆利烏斯（Amulius）判處死刑。阿穆利烏斯奪取了阿爾巴隆伽的王位，想要消滅任何潛在的對手，但他的僕人不願雙手沾滿鮮血，便偷偷將這對雙胞放在一個籃子裡，沿著臺伯河漂走，讓他們逃過被殺死的命運。羅穆盧斯和瑞摩斯被一隻母狼發現，母狼將他們帶到巢穴中並哺育了他們，後來啄木鳥也給他們帶來食物。有一個牧羊人和妻子發現了雙胞胎兄弟，便將他們撫養長大。成年後，羅穆盧斯和瑞摩斯在俯瞰臺伯河的 7 座山丘上，決定要齊心建立一座城市。但他們無法決定究竟要將城市建在哪裡，羅穆盧斯想要在帕拉蒂尼山周圍設置城牆，瑞摩斯卻跳到這些城牆上，一臉的蔑視，羅穆盧斯便殺死了弟弟（還有其他說法是，瑞摩斯是因為蔑視而被眾神殺死）。羅穆路斯隨後成為羅馬的第一位國王，監督了羅馬的建立和最初的發展。等到羅馬發展成為一個大帝國，母狼和雙胞胎的形象便成為羅馬象徵中一個重要的成分。

狼也是蒙古帝國的中心。蒙古帝國的創建者成吉思汗（1162～1227 年）聲稱自己是傳說中蒼狼的後裔，據說蒼狼是蒙古人共同的祖

先。成吉思汗在1206年統一各個蒙古氏族之後，奠定了立國基礎，最終國土從朝鮮延伸到中歐。蒙古人在征戰中，偶爾會加入突厥人這個盟友。突厥人也是來自歐亞草原的游牧民族，他們最後融合成為一支獨立的力量，一起征服和統治了中亞和安納托利亞的領土。這些領土有一部分後來成為奧斯曼帝國，奧斯曼帝國在最強盛時期遍布三大洲，統治著北非、東南歐和中東大部分地區。在突厥神話中，有一個重要組成部分是母狼阿史那（Asena）。據說阿史那拯救並撫養了一位突厥王子，他是一場殘酷戰爭中唯一的倖存者。阿史那和王子一共生了10名人狼後代，這些後代就是突厥民族的祖先。

　　儘管狼受到人們的尊重，但狼的掠奪本性常使牠與人類顯得格格不入。雖然狼襲擊人類的情況很少見，但在許多地區，這種食肉動物都會與人類直接競爭。此外，牠們還會襲擊牲畜，這尤其會對某些族群的繁榮甚至生存造成威脅。狼因此被視為有害動物，被農民和牧場主人不分青紅皂白地獵殺，到了20世紀中葉，狼在北美和歐洲便已經瀕臨滅絕。但在過去半個世紀以來，保育行動使狼群的數量得以回升，但對農業區的人們來說，由於不時仍會受到狼隻的侵擾，狼仍被視為是一種對人們生計的威脅。

野男孩彼得（西元1713～1785年）

野生動物撫養人類的小孩，這種特例不時會出現。有些例子則具有歷史意義，例如「彼得」，他是一個野孩子，生活在德國北部森林中，於 1725 年被人們發現。他不能說話，四肢著地行走，所以許多人都說他是被狼養大的。人們將他帶到倫敦喬治一世（1660～1727 年）的宮廷，並嘗試教育他，但所有嘗試都失敗了。彼得最終被送到英格蘭東部赫特福德郡（Hertfordshire）一個農場裡生活，最後在那裡去世。現在，人們懷疑彼得其實患有皮特霍普金斯綜合症（Pitt-Hopkins Syndrome），這是一種會導致智力殘疾的罕見遺傳性疾病。

猴子

. . . .

猴子有近兩百個物種，屬於靈長類動物。牠們與猿的區別在於猴子有尾巴，猿則沒有。猴子大多生活在熱帶森林中，經常會使用可捲曲的尾巴作為額外的肢體輔助，以從一棵樹移到另一棵樹。猴子是最

聰明又好奇的動物之一，能夠解決問題，並從經驗中學習。牠們具有高度的社會性，大多成群結隊地生活。猴子群體的數量往往多達數百隻，通常是由雌性領導。

猴子在動物分類上可分為兩組——舊世界猴和新世界猴。舊世界猴原產於非洲和亞洲（但在北非和西班牙之間的直布羅陀有一小部分歐洲猴族群），而新世界猴則生活在南美洲和中美洲。由於猴子的好奇心和偶爾的惡作劇，在民間傳說中，猴子的形象經常是聰明、無法無天的騙子（然而在南美馬雅宗教中，吼猴神是藝術和手工藝的守護神），其中最受歡迎的是東亞傳說中的兩隻猴子——哈努曼（Hanuman）和孫悟空。

印度兩大史詩之一《羅摩衍那》（*Ramayana*）創作於西元前 4 世紀，是一部梵文詩。講述了印度教主神之一毘濕奴的第七個化身——羅摩的故事。羅摩有一個重要的夥伴是神猴哈努曼。哈努曼擁有魔法，但由於小時候曾做過壞事，惹惱了一位聖人，於是聖人詛咒牠忘記自己所具有的神奇力量。一天，魔王羅波那綁架了羅摩的妻子悉多，並帶她渡海來到魔王的要塞斯里蘭卡島，在救回悉多的過程中，哈努曼發揮了重要的作用。哈奴曼重新找回神奇力量後變得巨大無比，一躍而至斯里蘭卡，牠搜索島嶼，想要找到悉多被囚禁的地方，卻被魔王抓獲，於是魔兵用火燒牠的尾巴，但牠掙脫了束縛，在羅波那的城堡

之間跳躍，引發了一場大火，然後牠回到羅摩身邊，並組建了一支猴子軍隊，還建造了一座通往斯里蘭卡的浮橋。在隨後的戰鬥中，羅摩擊敗了魔王羅波那。哈努曼在戰鬥中發揮了重要作用，牠擔任將軍的職責，熟練地揮舞著牠的 gada（一把帶刺的長矛）。羅摩的兄弟羅什曼在戰鬥中受到致命傷，哈努曼於是跳到喜馬拉雅山上，到那裡尋找可以治癒他的唯一藥草。但由於哈努曼找不到藥草，竟用巨大的力量將整座山連根拔起，才終於找到藥草，並及時趕回戰場，拯救了羅什曼。由於哈努曼忠誠的奉獻，羅什曼祝福了哈努曼，使牠能夠擁有不死之身。印度各地都有專門供奉神猴哈努曼的寺廟，在 17 世紀，哈努曼更成為印度教抵抗穆斯林蒙兀兒帝國的象徵。哈努曼的故事傳遍了亞洲，還出現在佛教文獻中，甚至遠至印尼、馬來西亞和柬埔寨等地的傳說中。

　　神猴哈努曼的故事傳到了中國，啟發產生了孫悟空。這個角色首次出現在吳承恩（約1500～1582年）的小說《西遊記》中。《西遊記》是中國文學經典之一，講述的是和尚玄奘（生活在西元7世紀的真實人物）的故事。玄奘是一位佛教徒，想要前往中亞和印度尋找佛經。在危險的旅程中，孫悟空就是玄奘的保護者。在來到玄奘身邊之前，孫悟空一直過著混亂又自私的生活。孫悟空自石頭中誕生，擁有非凡的力量，自稱為「美猴王」，他一躍能繞過半個地球，變身成72種不同的動物或物體，還是一個身經百戰的鬥士，揮舞著一根可以縮小到一個針大小的神奇金箍棒。孫悟空有一次假死下到地獄，將自己的名字從生死簿上抹去，因而獲得了長生不老。玉皇大帝聽說了孫悟空的大能，便召見他入天宮供職。孫悟空雖然獲得天宮官位，卻只負責打掃馬廄，因而大發雷霆，最終大怒反抗，擊敗了數以千計的天兵天將。直到佛陀出面，親自制服了孫悟空，把他壓在五指山下。監禁了五百年後，孫悟空才終於遇到玄奘被釋放，得到機會協助玄奘取經以贖罪。為了確保孫悟空乖乖聽話，玄奘要他把一個緊箍兒戴在頭上，只要玄奘念一個咒語，緊箍兒就會收緊，使孫悟空痛得死去活來。孫悟空忠心耿耿，一路上保護玄奘不受盜賊和惡魔的侵害，確保他到西方再安全返國。最後孫悟空因功德而被封為「鬥戰勝佛」。至此，他已經澈底改變了從前輕蔑的態度，看待世界也不再固執己見。孫悟空這個名

字的意思是「覺悟虛空的猴子」，這也象徵著這場啟蒙之旅。

殺死國王的猴子

1920 年 10 月 2 日，希臘亞歷山大國王（1893～1920 年）漫步在他位於雅典北部的莊園——塔托伊宮（Tatoi）。3 年前他進行加冕儀式，淪為傀儡統治者，後來爆發與平民結婚的醜聞，而今才剛剛回國。一天，他的德國牧羊犬弗里茨（Fritz）與一名隨扈所飼養的幾隻巴巴里獼猴（一種原產於北非的猴子）發生了衝突，他介入干預。亞歷山大當時試圖分開兩隻動物，卻引來第二隻巴巴里獼猴咬了他兩次。儘管他隨即進行了清潔消毒，但傷口還是感染了，變成敗血症，並於 10 月 25 日去世。他的死引發希臘出現一場憲法危機，繼位問題也引起爭議，人民群起呼籲希臘成為共和國。當時，希臘正與土耳其交戰，政治動盪可能使希臘失去近年所獲的安納托利亞領地，但最終希臘仍於 1922 年戰敗。

貓頭鷹

. . . .

　　正如同雅典城代表著古希臘文化影響和知識成就的頂點，貓頭鷹也經常代表著智慧。這兩者透過宙斯之女——智慧、軍事戰略和手工業女神，也就是雅典的守護女神，連結在一起。雅典娜女神的主要代表圖騰是貓頭鷹，尤其是一種叫做小貓頭鷹的物種。雅典娜的形象經常會描繪成身邊有一隻貓頭鷹，據說這是祂智慧的來源之一。雅典娜在整個希臘世界都很受歡迎，但女神與雅典的關係其實最為密切，祂的名字可能就是來自這座城市。事實上，俯瞰雅典的主要地標帕台農神廟，就是獻給雅典娜女神的。雅典人認為貓頭鷹是神聖的，作為雅典人對雅典娜的忠誠和虔敬，他們便將貓頭鷹的圖像放在人們使用的硬幣上。當雅典步兵方陣向前行進，預備戰鬥，據說若看見貓頭鷹從頭頂飛過，就預示著雅典的勝利。

　　貓頭鷹有 225 個物種，除南極洲以外，生活在每個大陸上，棲息地從熱帶森林到冰凍苔原都有。牠們都是掠食者，通常獵捕小型哺乳動物（但一些貓頭鷹，例如雕鴞，會捕食較大的獵物，例如狐狸，有時甚至還會獵捕鹿），一般在夜間活動。和其他所有鳥類相比，並沒有哪一種貓頭鷹特別聰明，牠們也不是特別社會化，大多過著孤獨的生活。與身體體型大小相比，貓頭鷹的大腦很小，牠們往往不會表現出太多的好奇心，而且與許多其他猛禽不同，貓頭鷹很難訓練。此外，雖然許多鳥類能夠建造精緻的巢穴，但貓頭鷹往往不是偷走其他鳥的巢穴，就是直接用樹洞或地洞為巢。然而，雖然貓頭鷹在智力上可能有所不足，但就身體結構來說卻是發達的，因為在解剖學上顯示，貓頭鷹充分滿足了牠作為一名獵者的需求。

　　貓頭鷹最顯著的特徵是一雙又大又圓、朝向前方的眼睛。正是這一點，在許多文化中都將貓頭鷹視為智慧的代表，因為這帶給人一種莊嚴而尊貴的氣質。然而貓頭鷹的眼睛實際上並不代表高智力，但確實為牠們帶來了難以置信的強大視力，尤其是在光線不足的情況下。貓頭鷹的眼睛與頭骨的大小相比，大得不成比例，但牠們的眼球無法在眼眶中轉動。為了彌補這一點，貓頭鷹的脖子能夠旋轉超過270度，這意味著牠們可以在不移動身體其他部位的情況下朝後看。貓頭鷹的聽力也很強，牠們的耳朵被一圈羽毛包圍，以集中聲音。牠們的聽力非常精確，即使看不見獵物，也能透過獵物發出的聲響來確定位置。這種強大視覺和聽覺的結合，彌補了貓頭鷹嗅覺（還有味覺，不過牠們的味覺讓牠們能夠吃臭鼬等惡臭物種）發展不佳的事實。此外，貓頭鷹在飛行時幾乎不發出聲響，這要歸功於牠們的羽毛可以削減翅膀拍打的聲音。這意味著貓頭鷹可以耐心地在高處棲息等待，直到鎖定狩獵目標。一旦進行狩獵行動，牠們會俯衝而下，從長長的植被中捕捉獵物，有些種類則會捕捉水中的魚。耐心和良好的視力等特質，可能就是印度教中象徵財富和幸運的女神——吉祥天女以白色貓頭鷹為坐騎的原因。

　　由於貓頭鷹可以在黑暗中視物，看見其他動物看不到的東西，人們往往視貓頭鷹為未來事件的預兆。儘管古希臘人普遍認為牠們的預

兆是正面的，但其他民族卻大多不這麼認為。這可能與貓頭鷹似乎來自奇幻世界的怪異鳴叫聲有關。在中世紀和現代早期的英格蘭，貓頭鷹的叫聲預警寒冷的天氣或暴風雨即將來臨，人們有時會將牠們的身體釘在穀倉門上以防雷擊。古羅馬人認為，聽到貓頭鷹的叫聲是不祥之兆，而美國西南部的阿帕契族則認為，夢見貓頭鷹是死亡臨近的徵兆。同樣的，非洲肯亞中部的基庫尤人認為，看到貓頭鷹是死亡的標誌，而南美阿茲特克人則將貓頭鷹與死亡連結，阿茲特克的死神米克特蘭特庫特利（Mictlantecuhtli）便是將貓頭鷹的羽毛戴在頭飾上，有時貓頭鷹還與死神的圖像一起被描繪。最後，在印度某些地方，貓頭鷹既不是智慧也不是預兆的象徵，而是愚蠢、浮誇和懶惰的象徵。

聰明的烏鴉

烏鴉族群（包括渡鴉，體型較烏鴉大）比貓頭鷹更值得作為智慧的代表。烏鴉是高度智能、技術熟練的模仿者，會成群結隊一起狩獵、腐食和覓食，但烏鴉不像貓頭鷹那樣受人尊敬，原因或許是牠們習慣竊取人類身上閃亮的物品，因此招致討厭鬼和騙子的名聲。

老鷹

· · · · · · ·

很少有動物像鷹一樣能夠同時象徵著力量和威望。自古以來，老鷹就代表著威武和勝利，並與神性連結在一起。全世界現存的鷹類有60多種，大多數以小型哺乳類動物為食，有些鷹類則會捕食較大的目標，例如鹿、狼或食蟻獸，而有些則只吃蛇和魚。歸根結底，老鷹是機會主義的進食者，牠們會吃各種動物，甚至會撿拾腐肉，從其他掠食者那裡偷搶食物。

老鷹在許多宗教中都是重要的象徵，經常與強大的神靈緊緊連繫在一起。許多美洲原住民都認為老鷹是神聖的，是連結俗世和精神世界的。老鷹的羽毛象徵著巨大的聲望，經常被授予最勇敢的戰士，在儀式中使用和佩戴。老鷹是古希臘天神宙斯的伙伴，在羅馬神話中則稱為朱比特。同樣的，印度教主神之一毘濕奴的坐騎迦樓羅，就是一隻巨大的老鷹形象生物。基督教堂中所使用的講台是老鷹形狀，代表著上帝話語的傳播（老鷹也與福音傳道者聖約翰有關，他寫了《約翰福音》）。就老鷹所代表的所有精神意義而言，牠與世俗世界的聯繫是最為密切的。

許多政權都選擇老鷹來投射權威形象，這主要原因是羅馬共和國

以及日後的羅馬帝國與老鷹的關係。羅馬的實力基礎來自他們的軍事力量。羅馬發展出一支專業的常備軍，以稱為軍團的單位為中心，在周圍組織起來，每個單位的人數在 4000 到 6000 人之間。一個軍團指定一名士兵攜帶單位旗幟，這面旗幟會懸掛在一根長桿上，當作集結位置並用於傳達命令。最初，軍旗上面描繪的是不同的動物（包括狼、馬及野豬），但西元前 104 年頒布的軍事改革，規定只能使用老鷹。肩負著軍旗的旗手稱為 aquilifer，是一種崇高的榮譽，倘若失去老鷹旗幟，將為整個軍團帶來恥辱。老鷹還出現在硬幣、雕塑和雕刻品上，是羅馬帝國的標誌性符號之一。

羅馬帝國由於內部混亂、經濟蕭條和外部入侵（以及其他因素），在 4 世紀和 5 世紀時變得衰弱。到西元 476 年，羅馬帝國最後一任皇帝被入侵的日耳曼部落推翻，之後，帝國在西方的勢力逐漸減弱。許多懷有帝國壯志的統治者，日後都披上了羅馬的大衣。其中一位是查理大帝（西元 748 ～ 814 年），他是法蘭克國王，在 9 世紀初統一了西歐和中歐的大部分地區。西元 800 年，教宗加冕他為「神聖羅馬皇帝」，代表羅馬帝國地位的繼承者。雖然查理大帝的帝國在他死後變得四分五裂，但他留下的遺產依然具有重要地位。老鷹是查理大帝的個人標誌之一，在德國變得尤為重要。查理大帝死後，德國土地分裂為數百個不同的州，但這些州和一些周邊地區仍然屬於神聖羅馬帝國

的一部分，這樣的情況一直持續到 1806 年，儘管實質上這是一個高度分散的政體，其組成國享有高度的獨立性。其中之一是普魯士，它最初是波羅的海地區的一個小公國，他們在手臂的徽章上使用了老鷹圖案。普魯士的崛起，成為 1871 年建立德意志統一帝國的主導力量。普魯士的國家象徵在德語為 Reichsadler，意思是帝國之鷹，這成為了德國統一的代名詞。在第一次世界大戰戰敗後，德意志帝國於 1918 年解體，但在後續的威瑪共和國（1918 ～ 1933 年）和納粹統治下（1933 ～ 1945 年），老鷹一直都是國家的象徵。1949 年德國分治，共產東德停止使用雄鷹標誌，但在 1990 年東西德重新統一後，老鷹再度成為整個國家的象徵。

　　在東方，羅馬帝國卻以拜占庭帝國的身分存續了下去。到了 13 世紀，拜占庭皇帝開始採用雙頭鷹作為帝國標誌。雙頭鷹可能起源於中亞神獸，由於突厥人遷移到安納托利亞，因此引入拜占庭世界。1453 年，拜占庭帝國崩潰，奧斯曼帝國的軍隊占領了君士坦丁堡，並改名為伊斯坦堡。俄羅斯和奧地利哈布斯堡王朝這兩個大國則繼續使用雙頭鷹圖案，代表著兩國在東西方擴張領土的野心，並且兩國還成功了。哈布斯堡家族在中歐和東歐建立了一個帝國，哈布斯堡帝國一直存續到 1918 年（家族的西班牙分支，統治著一個橫跨南美洲和中美洲並延伸到菲律賓的全球帝國）。俄羅斯成為歐洲大國之一，不僅向中亞擴

張，也向東擴張到太平洋。1917年俄國革命帶來了共產主義，統治者將雙頭鷹從國家象徵中移除，但隨著蘇聯解體，又於1993年重新成為國徽的主要象徵圖案。

　　老鷹在阿拉伯世界也是一個重要的象徵圖像。因為薩拉丁‧優素福（Salah ad-Din Yusuf，1137～1193年）將其用作個人旗幟（圖案為雙頭鷹），在西方，人們稱他為薩拉丁。薩拉丁實際上是庫德人，是中世紀世界的偉大領袖之一，薩拉丁的崛起，統治了中東的大部分地區。自1099年起，由於薩拉丁的領導，造成西方的十字軍遭受到致命的打擊，失去對耶路撒冷和聖地的控制。十字軍國家確實曾收回了聖地一部分領土（包括1229年到1244年的耶路撒冷），但十字軍的力量卻被薩拉丁大大削弱，1291年更是澈底遭到驅逐。1952年，薩拉丁

老鷹重新出現，當時一群軍官推翻了埃及君主制，並將薩拉丁雙頭鷹作為他們建立的共和國象徵。這很合適，因為開羅曾是薩拉丁的首都。薩拉丁雙頭鷹後來成為阿拉伯民族主義和團結的重要象徵，至今仍出現在埃及、伊拉克、巴勒斯坦和葉門的國徽上。另一種猛禽——古萊什之鷹（先知穆罕默德部落的象徵），是單頭鷹的圖像，則被科威特、利比亞、敘利亞和阿拉伯聯合大公國等其他幾個阿拉伯國家用作標誌。

辛巴威鳥

大辛巴威建於西元 11 世紀和 15 世紀之間，是當時非洲南部一個強大政體穆塔帕王國的首都。西元 1500 年，大辛巴威成為棄城，後來在它的廢墟中，人們發現了老鷹的滑石雕塑。1980 年獲得獨立的現代辛巴威共和國，便是以中世紀王國的名稱來命名，而這老鷹雕塑便成為辛巴威共和國的國徽。

墨西哥和美國這兩個國家，都用老鷹作為國家的代表圖案。自從 1821 年墨西哥從西班牙獨立以來，就一直將老鷹用在國旗上。這個標

誌可以追溯到西元 1325 年，墨西哥人聽從傳說中的預言，在看到老鷹停留在仙人掌上方吃蛇的地方，建立了特諾奇提特蘭城（Tenoch-titlan）。特諾奇提特蘭後來成為阿茲特克帝國的首都，接著在西班牙帝國統治下成為墨西哥城的所在地。最後，老鷹，特別是白頭鷹，自 1782 年以來一直出現在美國主要的國家代表圖案上。圖中老鷹的一隻爪子抓著象徵和平的橄欖枝，另一隻則抓著一束 13 支箭（代表最初的 13 州）。老鷹已經成為美國權力和威望的象徵，在某種意義上延續了可以追溯到羅馬時期的統治遺產。

赤狐

．．．．．．．

　狐屬，又稱為「真狐」，是犬科動物的一個亞科。牠們比表親狼和豺的體型要小，頭骨更扁平，雙眼之間有黑色的三角形斑紋。牠們尾巴的尖端與身體其他部位的顏色不同。狐狸共有十幾個物種，除南極洲以外，每個大陸上多有分布。狐狸的生活範圍很廣，有生活在攝氏零下 50 度的北極狐，也有生活在北非乾旱沙漠中的耳廓狐。耳廓狐具有 15 公分的大耳朵，有利於散發身體的熱。狐狸分布最為廣泛的是赤狐，牠們生活在北半球以及澳洲。1830 年代，人們將赤狐引入澳洲，

成為了入侵物種。由於赤狐適應力強，生活的棲息地種類很廣泛，牠的聰明才智使牠成為動物中狡猾的象徵。

在歐洲民間傳說中，有一個最偉大的騙子是狐狸列那（Reynard），牠最早在西元 12 世紀出現在法國、德國和荷蘭、比利時等低地國家的一系列寓言故事中。雖然牠很狡猾自私，經常利用故事中其他擬人化的動物，特別是牠的死對頭——牠的叔叔，野狼伊森格里姆斯（Ysen-grimus）。狐狸列那告訴人們，敏捷的智慧可以戰勝蠻力。相較於詭計多端的列那，出現在東亞神話中的狐狸則更有力量。

狐狸精最早出現在西元前 333 年的中國古代文學中。牠是一隻赤狐，可以長出九條尾巴，每百年增長一條，同時威力不斷增強，最後變得長生不老。狐狸精可以給出預兆，看到狐狸精也可以是一個正面

的訊號。大禹是中國王朝夏朝的創建者，帶有一些神話色彩，大禹治水，控制了黃河的氾濫，在眾人擁戴下成為皇帝，他在年輕的時候就曾遇見過一隻九尾狐，預告了將來他將有偉大的成就。隨著狐狸精修行年紀的增長，牠可以擁有變化為人形的能力，而且經常會偽裝成一個美麗的女人。牠與人的互動有好有壞，一方面可幫忙治癒疾病，但另一方面也可能附身在人身上，帶來災禍。商朝的最後一任帝王帝辛（西元前 1046 年），也就是紂王，據說他在統治期間有一位最喜歡的妃子，名叫妲己（西元前 1076 ～ 1046 年）。由於皇帝的專寵，妲己在朝廷中成為了一股惡勢力，使紂王墮落。為了取悅妲己，紂王殘忍地折磨反對他的人，為了放蕩取樂還向人民徵收高額賦稅（包括建造一個裝滿酒的池子，池邊放著各式各樣的肉）。後來，西邊的統治者周武王起來推翻了紂王的統治，周武王處死了妲己，繼而建立起周朝，並一直持續到西元前 256 年。但這種強調商朝末期暴政的故事，可能只是周朝歷史學家和作家的產物，主要是為了藉此使周朝奪取皇位具有正當性而散播的。

這些中國傳說後來傳到日本，激發了日本人對狐狸的想像，在韓國也有一種類似的人物形象，韓語稱作 kumiho，即九尾狐的意思。日本傳說中的狐狸如同中國的狐狸精一樣，有九條尾巴，形象也是時善時惡。有些狐狸仁慈睿智，稱為善狐，經常以修道眉的形象出現，幫

助人們解決糾紛。日本人所侍奉的稻荷大神，象徵福祉、稻米和繁榮，稻荷大神的使者便是狐狸（與此相較，在美索不達米亞神話中，狐狸是生育女神 Ninhursag 的使者）。相對的，惡狐則稱為野狐，象徵著邪惡，具有破壞性，會利用自己的神力偷東西或破壞人們名譽。狐狸擁有各種神力，包括飛行、噴火、控制天氣和預見未來，這些能力會隨著年齡的增長而增強。牠們最出名的能力是能夠變身成人類，但這種偽裝從來都不是完美的，有時仍然可見狐狸尾巴或耳朵，影子或倒影也可能會顯示出牠們真正的形貌。野狐總是隨身帶著一個叫做星之玉的發光球，有助於賦予牠們神奇的力量。日本狐狸在說人話的時候會有點困難，尤其不容易發 moshi 這個音，因此日本人習慣在接電話時說 moshi-moshi，表示在來電者的電話中沒有藏著邪惡的狐狸精。

關於赤狐的神話，呼應了牠們在現實中具有敏捷性、各種神力和克服障礙的能力。狐狸原本是生活在農村地區，食物主要包括各種小型哺乳動物（這意味著牠們對於控制囓齒動物數量能起到關鍵作用），以及雞蛋、水果和鳥類。牠們是熟練的攀爬者，頑強的挖洞者，可以進入農家的牲畜圍欄，尤其是雞舍。眾所周知，狐狸的習性會儲備額外的食物，以供下一餐食用，因此牠們不是只捕殺 1、2 隻牲畜，而是會殺死整群。20 世紀以來，赤狐的分布擴展到郊區和城市。家庭垃圾和廚餘成為牠們飲食中重要的組成部分。赤狐有著強壯的胃和免疫系

統，所以幾乎可以吃任何東西，甚至是腐爛的食物。由於生活在這樣的環境中，可能已經改變了牠們的生理機能，例如居住在城鎮的赤狐往往有更短、更有力的鼻子，適合用於打開食物包裝。即使赤狐有時很令人討厭，但牠們面對人類於自然界中日益擴張範圍時，卻顯示出了動物世界非凡的適應能力。

阿南西

在神話故事中，另外還有一個聰明、機智的形象，牠是一種變身蜘蛛，名字叫作阿南西（Anansi）。這種神話故事起源於西非，後來由於非洲人被奴役，因此阿南西的故事也隨之傳播到加勒比海和美洲。阿南西被描繪成充滿詭計的騙子，或是位聰明的老師，甚至在創造宇宙中占有一席之地。

獅子

. . . .

　　在法國南部的肖維岩洞（Chauvet Cave）中有一些非常古老卻保存完好的石器時代藝術作品。這些畫作完成於西元前 30000 年左右，主要描繪野生動物，包括熊、猛獁象和鹿等。其中最常見的動物之一是獅子，這表明人類對這個物種的喜好可以追溯到幾萬年前。

　　世界上幾乎所有的野生獅子都生活在非洲撒哈拉以南的草原上，但在 12000 年前，獅子卻遍布非洲、歐亞大陸和美洲。隨著人口增長，人類漸漸變得更加精通狩獵方法，對獅子本身及其食物鏈都構成了越來越大的威脅。此外，農業的出現也導致獅子棲息地的喪失。因此，獅子在 10000 年前就從美洲消失了，到了 2000 年前則在歐洲滅絕。與此同時，在亞洲，獅子的分布數量也逐漸下降。牠們曾經居住在中東和印度半島等地，然而現在數量只剩下大約 650 隻，所有這些獅子都生活在印度西部古吉拉特邦的吉爾國家公園。

　　獅子是大型貓科動物中唯一社交群居型的動物，牠們生活在 15 隻左右的群體中（已知獅子群體數量可多達 40 隻）。牠們通常由 2 到 4 隻雄獅、5 到 10 隻母獅和幼崽所組成。雄獅的體型往往比母獅大 20% 左右，特徵為有鬃毛，目的可能是為了在求偶時給母獅留下好印象，

以及恐嚇敵手或保護脖子。獅群的核心成員是母獅，基本上母獅會與獅群共度一生，但雄獅通常在 3 歲左右會離開獅群，到外面流浪。幾年後可能會嘗試加入另一個獅群。單身的雄獅經常會與其他流浪雄獅結盟，強行進入獅群，殺死敵對的雄獅和幼崽。在這樣的情況下，母獅會聯合起來保護幼崽。每個獅群都有守衛的領土，面積從 20 平方公里到大約 400 平方公里不等，用以與其他獅群競爭。獅群會到領土邊緣巡邏，並通過氣味標記來標示領土，在黎明和黃昏時還會咆哮。獅子捕食的範圍從小型囓齒動物到長頸鹿等體型大小不一的動物，牠們會單獨狩獵或協同攻擊。獵捕時，獅子會先跟蹤獵物，然後猛撲上去，撕裂獵物的脖子。一旦獵物被獅子擊倒，獅群就會衝過去搶食。獅子也會吃腐肉和其他掠食者動物吃剩下的獵物。獅子每天要花費 20 個小時來進行這些活動，期間則平衡穿插著休息、睡覺、躺臥等。

獅子被稱為「百獸之王」，在全球象徵著尊嚴、權力和勇氣。牠們與皇室和貴族有關，經常出現在國族旗幟和徽章上。獅子曾是巴比倫帝國的象徵。巴比倫帝國是古代中東地區的主導力量之一。自西元 12 世紀後期以來，獅子在英格蘭的皇家武器中也占有顯著地位，這是國王理查一世（1157～1199 年）所建立的傳統，理查一世由於英勇的軍事事蹟而廣為人知，被尊稱為「獅心王」。英格蘭並不是唯一一個在國徽中使用獅子的國家，還有其他幾個國家的國徽上也繪製有獅子，

包括捷克共和國、芬蘭和斯里蘭卡等。

　　獅子在猶太和基督教的傳統中扮演著重要的角色。在猶太教中，獅子代表創始人亞伯拉罕的孫子，也就是希伯來族長雅各的兒子猶大。猶大部落最終成為以色列 12 個部落中最強大和最重要的一支。猶大部落的成員之一大衛，在西元前 1000 年左右征服了耶路撒冷城，建立了統一的以色列王國。在大衛的兒子和繼任者所羅門於西元前 930 年左右去世後，以色列分裂，最終被外國列強征服。在所羅門死之前，據說與非洲示巴女王生了一個兒子。示巴女王曾到過耶路撒冷，是個具有傳奇故事的統治者。根據某些傳說，示巴女王來自衣索比亞，她與所羅門生的兒子名叫孟利尼克（Menilek）。衣索比亞帝國建立於 1270 年，其統治者聲稱是孟利尼克的直系後裔，並以猶大之獅為標

誌。衣索比亞的最後一位皇帝是海爾‧塞拉西一世（Haile Selassie I，1892～1975年），於1975年被共產主義軍事獨裁政權推翻。塞拉西是拉斯塔法里運動的核心人物，拉斯塔法里運動是1930年代在牙買加興起的黑人基督教宗教社會運動，參與運動的成員將塞拉西視為彌賽亞。出於這個原因，拉斯塔法里教徒採用猶大獅子作為核心象徵之一。最後，在聖經《啟示錄》中，獅子象徵著基督的第二次降臨。

　　儘管獅子受到尊重，但人類同時也剝削和虐待牠們，有些情況比古羅馬人更甚。古羅馬生活的核心部分是競賽，精英們為了討好大眾，會舉辦壯觀的活動。這些活動起源於西元前242年的喪葬儀式，當時有兩個兒子為紀念死去的父親，決定舉行讓奴隸互相爭鬥的活動。後來這個活動發展成為公開演出的戰鬥，經常會選用（但並非總是）一些訓練有素的「角鬥士」（gladiators，這是鬥士們所使用的短劍名稱）進行生死相搏。西元前189年，羅馬帝國舉行第一屆角鬥士和野生動物競賽，當時獅子被選為角鬥士的敵人。隨著時間的推移，這些競賽發展成為一種高度複雜、代價高昂的奇觀。最後，西元80年，羅馬建造了羅馬競技場，這是一個可容納超過50000名觀眾的巨大圓形劇場。劇場地下是一連串的通道和房間，裡面裝有一個機密的機械系統、由齒輪、滑輪和重物組成，可以將裝滿野生動物的籠子抬到競技場地板上。大多數競賽的開場，都是從野獸搏鬥開始，其中包括鴕鳥、犀牛

和熊在內的野獸互打，或與獵人搏鬥。接下來則是進行獸刑，罪犯（包括受到國家迫害的早期基督徒）通常會被迫手無寸鐵地與野生動物進行搏鬥並被處死。有時，定罪者會被綁在木樁上。進行獸刑的動物中就包括獅子，由於經常受到虐待，飽受飢餓，因此牠們更加兇猛嗜血。這種「娛樂」是以角鬥士之間的戰鬥這個主要活動作結。西元 380 年，基督教成為羅馬帝國的國教，促使角鬥士競賽衰落，因為基督徒對這個主題大肆批判。然而直到七世紀後期，公開展示與野生動物之間的搏鬥，仍然在羅馬大為流行。

察沃的食人獅

獅子通常會躲避人類，一般牠們都害怕人類，但獅子攻擊人類的情況並不少見。偶爾會出現幾隻獅子或獅群養成以人類為食的習慣。在 1898 年非洲肯亞的察沃，當時有一對獅子襲擊了修建鐵路橋樑的工人營地，造成 30 多人死亡，導致建設停止，直到 2 隻獅子被殺死才重新開始。

現在，生活在野外的獅子總共不超過 25000 隻。獅子面臨的問題除了人類以農場和牧場的形式侵占了牠們的棲息地，還有盜獵和其他物種傳播帶來的疾病。總之，希望動物保護工作和保護區的建立，能夠確保獅子得以永續生存下去。

蛇

. . . .

　　蛇在神話中占有雙重地位，可以是邪惡和欺騙的象徵，也可以代表創造和治癒。無論人們如何看待蛇，不可否認的是，蛇長久以來一直是個令人著迷的主題。

　　除了南極洲、格陵蘭島、冰島、愛爾蘭、夏威夷和紐西蘭，蛇幾乎遍布地球的每個角落，種類超過 3400 種，其中約有 60 種生活在海洋中。牠們都是掠食者，會將獵物整個吞噬，有些甚至能夠張開大嘴，吃掉足足比牠們頭部大 3 倍的動物。蛇類中的蟒蛇會將身體纏繞在獵物身上，將其擠壓致死。蛇的舌頭有分叉，可嗅聞周圍的環境，以幫助牠們捕獵。在蛇頭部眼睛前方小洞般的開口，則可以感知物體的熱量。蛇的下顎有一種骨頭，用來接收其他動物運動時產生的振動。響尾蛇尾巴末端有硬化的外皮，可迅速搖晃尾巴的外皮，以產生一種獨

特的聲音，用來警告其他動物。

　　有大約五分之一的蛇會產生毒液，以癱瘓獵物或潛在威脅。其中毒性最強的是澳洲內陸的太攀蛇，其毒液會使人癱瘓、肌肉損傷和內出血。許多眼鏡蛇則會吐出毒液使攻擊目標失明。有人認為，人類天生就恐懼蛇和蛛形綱動物，這是一種演化機制，可以追溯到被這些動物咬的危險記憶。但其實只有大約 200 種蛇可以殺死或嚴重傷害人類，而且由於牠們是害羞和孤獨的動物，只會在受到打擾時才會進行攻擊。蛇還有其他特性，使牠們成為人們崇敬和敬畏的主角。由於體型生長以及防範寄生蟲，蛇會定時蛻皮，這表示人們一般認為蛇象徵著不朽和重生。此外，蛇沒有眼瞼，眼睛覆蓋著透明的表皮，看起來像是一直凝視不眨眼，因此帶給人一種智慧和無所不知的感覺。

　　蛇在猶太和基督教傳統中尤其受到譴責。這起源於聖經的《創世紀》，書中描寫蛇會說話，引誘夏娃吃了善惡樹上的禁果。因為不服從上帝，導致了「人的墮落」，於是亞當和夏娃被逐出伊甸園。由於蛇在這件事中所扮演的角色，於是上帝詛咒蛇只能在地上匍匐爬行，成為人人厭棄的對象。但多數宗教和文化對蛇並沒有這種敵意，一般對蛇的看法比較正面，甚至還把蛇放到創造天地故事的中心位置。

　　中美洲宗教裡面就有一個廣為人知的角色——羽蛇神。在阿茲特克神話中，羽蛇神又稱為風神和學習之神，是和諧與平衡的力量。羽

蛇神在創造世界時發揮了核心作用。在我們現在的世界（阿茲特克人認為它是第五個存在的世界）被創造之前，發生了一場巨大的洪水，大水源自一種稱為特拉爾特庫特利（Tlaltecuhtli）的可怕海怪所居住的地方。羽蛇神與他的兄弟（有時是競爭對手）特斯卡特利波卡（Tezcatlipoca）一起聯手打敗了海怪。牠們變身成巨蛇，殺死了海怪，然後將海怪的身體撕成兩半，一半變成了天空和星星，另一半變成了地球。羽蛇神隨後前往冥界，收集在先前世界生活的人們的骨頭，創造了現在版本的人類。接著牠找到了一個滿是玉米、種子和穀物的「食物山」，設法讓另一位神劈開這座山，讓人們有東西吃。最後，羽蛇神幫助創造了一種可以用來製作酒精飲料的植物，為人類帶來歡樂。蛇也出現在中國的創世神話中，人類的起源可以追溯到伏羲和女媧這對人頭蛇身的兄妹。牠們用黏土創造了第一批人類，然後一起教人們煮飯、打獵、釣魚和寫字。

　　儘管有些蛇天生有毒，但人們卻經常認為牠們具有恢復和保護的能力。古希臘醫神有一根神杖，稱為阿斯克勒庇俄斯之杖，上面纏繞著一條蛇，是全世界醫學和醫師的象徵。還有其他傳統習俗除了蛇的圖像，更進而直接運用蛇。美國西南部有一個美洲原住民部落，稱為霍皮（Hopi），霍皮人有一種最重要、最悠久的儀式，便是以蛇為主。每年8月下旬，霍皮人會舉辦「蛇舞」儀式，用以感謝神靈，希望能

為大地帶來豐饒和好運。霍皮人會到東南西北四個方位捕蛇，然後將蛇放置在稱作「基瓦」（kiva）的地穴中。人們在基瓦裡將蛇浸在絲蘭根肥皂水中清洗淨化，然後放到樹枝搭成的架子上。等到至少9天後，人們才看得到唯一可以開放的一部分儀式：儀式人員從基瓦中出來，蛇纏繞在他們的脖子和軀幹上，蛇頭含在嘴裡，與蛇共舞。隨後，儀式人員放下這些蛇，讓蛇傳達霍皮人與自然和諧相處的訊息。在美國其他地方，還有另一種近期的習俗，即將蛇用在宗教崇拜中，稱為「手能拿蛇」，這種儀式始於阿帕拉契郊區少數基督新教教堂，牧師和會眾彼此拿起毒蛇互相傳遞（有時還喝蛇毒）。這是他們基於對《新約聖經》字面的解讀，因為耶穌告訴門徒，祂賦予他們權柄，可以踐踏蛇而不會受傷。參與儀式的人深知致命的風險，但他們相信自己的行為顯示出他們對上帝的順服和信心。儘管這樣的行為在某些州被視為是非法的，甚至造成了多人死亡，但這樣的行為仍繼續存在於100多個教堂中。這也顯示了蛇的吸引力有多麼巨大。

白鴿

. . . .

白鴿特指羽毛潔白無瑕的鴿子，數千年來一直是溫柔、和平、愛

和神性的象徵。白鴿和一般鴿子（通常不太受人理睬）一樣，都是鳩鴿科的成員，鳩鴿科一共有 344 個物種。白鴿和一般鴿子之間的確切區別是很模糊的。在英語世界中，鳩鴿科中體型較小的鴿子，英文名稱和白鴿一樣都是 dove，而一般的鴿子則稱作 pigeon，但人們使用這些名詞的方式卻存在很大的差異，會根據情況變化，實際上要用哪一個字，往往是根據前後文在某種程度上作變換。例如，一隻普通的野鴿（pigeon）只是岩鴿（rock dove）馴化後的野生版本。

白鴿和愛情之間的關連可以追溯到古代，起源可能是人們認為白鴿終生只有一個伴侶（野外觀察可以發現，與其他鳥類相比，白鴿維持同一名伴侶交配的時間確實較長）。白鴿是蘇美女神伊南娜的象徵之一，祂是天后，是愛、生育、性和戰爭的守護神，後來在美索不達米亞被尊為伊絲塔女神。人們在專門供奉祂的神廟中發現了白鴿雕像，時間可追溯到西元前 4500 年。白鴿還與古希臘愛神阿芙蘿黛蒂連結在一起，也就是古羅馬的維納斯女神，據說祂的戰車是由白鴿所拉動。

斑鳩尤其象徵著強烈的情感和友誼。牠們的英文名字（turtle dove）與爬行動物並沒有關係，而是源自拉丁文 turtur，這是因牠們獨特的聲音「turr-turr」所化成的狀聲詞。英國戲劇家威廉‧莎士比亞（1564～1616 年）在所寫的戲劇和詩歌中多次都提到斑鳩是奉獻的

象徵（他通常簡稱斑鳩為「turtles」）。歐洲斑鳩是一種候鳥，會在非洲撒哈拉以南過冬，當牠們返回歐洲，代表春天到來，花兒即將盛開。此外，英國一首家喻戶曉的聖誕頌歌《聖誕節的十二天》（*The Twelve Days of Christmas*）中歌詞提到，一對斑鳩是聖誕節常見的節日裝飾品。

白鴿是基督教象徵性標誌的中心，源頭可以追溯到聖經《創世記》中，神發出大洪水來清洗世界的罪惡。唯一的義人諾亞預先得到警告。他建造了 1 艘方舟，帶上了 7 對「潔淨」的動物和 1 對「不潔淨」的動物。大雨持續 40 個晝夜，淹沒了地球，但諾亞方舟安全地漂浮在水面上。150 天後，洪水開始退去。諾亞隨後放出一隻烏鴉去尋找旱地，然後又放出一隻白鴿。起初，白鴿無處落腳，只能返回方舟。於是諾亞等了一個星期再把白鴿放出去，這次牠帶回了橄欖枝，證明洪水已經退去，上帝與人類重新和好，世界又再度準備好讓諾亞和家人以及他拯救的動物回歸。在基督教的三位一體（聖父、聖子、聖神）概念中，白鴿就是聖靈的代表。根據《馬太福音》記載，當施洗者約翰在約旦河為耶穌基督進行施洗禮，聖靈便以白鴿的模樣降臨在祂身上，表明祂是神的兒子。因此，白鴿和橄欖枝經常出現在早期教會成員的墳墓上，是基督教藝術品中常見的永恆象徵。

鵜鶘

除了白鴿，還有另一種鳥經常出現在基督教象徵圖像中，那便是鵜鶘。這是因為在神話傳說中，如果食物稀缺，鵜鶘媽媽會啄破牠的胸膛，用自己的血餵養幼鳥。這種自我犧牲，將鵜鶘與為人類罪孽而死的耶穌連結起來。

通過施洗禮使靈魂獲得安息，這是白鴿在基督教中所具有的象徵意義。這個形象逐漸擴展開來後，普遍成為和平主義與國家間和平的象徵。本著這種精神，當 1896 年奧運會回到雅典舉辦時，人們在儀式中放飛白色的「和平鴿」（參考的是古羅馬奧運會中派出信鴿傳播勝利者的消息）。這個儀式一直持續到 1988 年韓國首爾奧運會，因為當年有幾隻不幸的白鴿飛到還沒點火的聖火台上，聖火點燃時卻被燒死。因此在 1992 年西班牙巴塞隆納奧運會中，早在儀式啟用聖火台點燃聖火之前就放出白鴿，但自此以後，人們在奧運會中便不再使用活鴿子。

因此，無論民間集會或國際政治會議，釋放白鴿便成為一種普遍的活動，其中最著名的莫過於古巴社會主義領袖斐代爾・卡斯楚（Fidel Castro，1926 ～ 2016 年）於 1959 年 1 月 8 日在哈瓦那發表演講時放飛白鴿的景象。卡斯楚曾是一名律師，後來他起來反抗美國所支持的軍政府，也就是當時的領導人富爾亨西奧・巴蒂斯塔（Fulgencio Batista，1901 ～ 1973 年）上校。卡斯楚的起義行為導致他入獄，在 1955 年流放墨西哥，但第二年，他率領了一個革命團體返回古巴，進行了一場游擊反抗運動，造成巴蒂斯塔政權在 1959 年元旦垮台。一週後，卡斯楚對哈瓦那人民發表演講，部分是勝利演說，部分是對穩定與和平的未來保證。卡斯楚演講時仍穿著反抗運動中的軍裝，他要求所有古巴人團結起來，支持他對國家進行革命以及和平改革的願景。當他的演講即將結束，白鴿被放了出來。一隻落在他的肩膀上，另外兩隻則落在他的講台上。當他結束講話，白鴿依舊停留在原地，他承諾不會使用武力，而是會根據人民的意願進行統治。當時白鴿停留在卡斯楚身上，一派舒適輕鬆的模樣，塑造出一個強大的形象，在很大程度上鞏固了民眾對他的支持。後來，敵人指責卡斯楚讓白鴿停留的事件是造假的，是以某種方式使用磁鐵訓練甚至脅迫鴿子不飛走，但沒有明確的證據可以證實這些懷疑。儘管美國反對，卡斯楚仍成功地建立了一個一黨制共產主義國家，但自此以後，古巴這個國家便一直保持和平，甚至在卡斯楚於 2011 年卸任領導人後依舊如此。

蝙蝠

....

蝙蝠有 1200 多個物種，是唯一能夠飛行的哺乳動物，有時，蝙蝠群體的數量會超過數百萬隻。在大多數情況下，牠們是夜行性動物，白天棲息，晚上覓食。通過迴聲定位進行導航，發出短而高頻的聲音脈衝，然後通過聆聽迴聲來確定物體的位置和景觀特徵。蝙蝠的聽力非常好，這得益於牠們呈漏斗形的大耳朵。但蝙蝠絕不是眼盲的，許多種類的視力甚至比人類還要好。

由於蝙蝠同時兼具鳥類和哺乳類動物的特徵，因此許多神話都與這些特徵有關。古希臘說故事的人伊索（約西元前 620～564 年）有一個寓言說，蝙蝠被黃鼠狼捕捉後，聲稱自己既不是鳥類，也不是哺乳類動物，從而逃脫了既吃鳥又吃老鼠的黃鼠狼（事實上，比起囓齒動物，蝙蝠與靈長類動物的關係更為密切）。在另一個寓言中，鳥類和不會飛的動物之間發生了衝突，蝙蝠選擇加入優勢的那一方。後來鳥和其他動物達成和平，蝙蝠於是被雙方都拒之門外，並受到懲罰，只能在夜間活動。同樣的，在美洲原住民的神話中，蝙蝠的起源，與鳥類和不會飛的動物之間的球賽有關。原本蝙蝠是一個沒有翅膀的小動物，牠想加入陸地動物，但受到拒絕，後來老鷹送給蝙蝠翅膀，讓

牠可以加入鳥類（然而在另一個故事中，情況正好相反，陸地動物送給蝙蝠牙齒，所以蝙蝠沒有加入鳥類）。

由於蝙蝠是在夜間活動，這使得牠們通常象徵著死亡和黑暗。牠們具有翅膀，又是哺乳類動物，這樣的雙重性質讓許多人將蝙蝠與不可思議和神祕連結起來，通常與陰間有關（例如，在太平洋島嶼東加王國的神話中，蝙蝠代表著死者的靈魂）。同樣的道理，蝙蝠也是與萬聖節連結在一起，還有在同一天慶祝的凱爾特人薩溫節（Samhain），這一天代表著收穫季節的結束。最廣為人知的是蝙蝠屬於吸血鬼傳說的核心部分——吸血鬼是一種以血液為食的超自然不死生物，這是一個相對較新的連結。儘管在一些歐洲傳統中，蝙蝠被認為是魔鬼的使者，又被女巫驅使，做盡壞事，但直到 18 和 19 世紀，人們才普遍將蝙蝠和吸血鬼連結在一起。這在很大程度上要歸功於愛爾蘭作家伯蘭‧史杜克（Bram Stoker，1847 ～ 1912 年）的文學作品，在其著名的哥德式恐怖小說《德古拉》（Dracula，1897 年）中，吸血鬼主角德古拉就能夠變形為蝙蝠。

吸血和蝙蝠之間的連結並不是完全錯誤的，其中有一些真實的元素，有三種蝙蝠確實是嗜血的（會吸血）。以民間傳說角色命名的吸血蝙蝠，原產於拉丁美洲，以熟睡的哺乳動物為食，會用鋒利的門牙叮咬。這些蝙蝠的唾液中含有一種強力抗凝血劑，可以阻止血液凝結，

於是便能夠舔食血液。吸血蝙蝠的叮咬很淺，所以在吸食獵物血液的整個過程中，獵物都會保持睡眠狀態，時間可長達 30 分鐘之久。牠們很少以人類為食，但牠們的叮咬為寄生蟲提供了產卵場所，所以有時會協助傳播狂犬病等疾病。

在中美洲，從墨西哥中部延伸到哥斯達黎加北部等地區，人們經常將蝙蝠與死亡、犧牲和破壞連結在一起。這可能反映出當地人的生活經驗中包括了吸血蝙蝠，以及吸血蝙蝠以人類為食的事件。在中美洲藝術作品中，蝙蝠經常和人骨畫在一起，有時還會將牠們的鼻子畫成像祭典用的刀。有一個古老的中美洲文明稱為馬雅，出現在現今的瓜地馬拉、貝里斯北部和墨西哥南部，馬雅有一位神稱為卡瑪佐茲（Camazotz，意為死亡蝙蝠），這是一種飲用人類血液的洞穴生物。卡瑪佐茲也是出現在《波波爾·烏》（*Popul Vuh*）中一種巨大蝙蝠的

名稱。《波波爾・烏》是馬雅人基切語（Quiché）史詩神話集。神話中兩個主要角色是烏納普（Hunahpu）和斯巴蘭克（Xbalanque），他們是一對「雙胞胎英雄」，前往冥界（Xibalba，馬雅神話中死後的世界）與蝙蝠神作戰。在旅途中，他們接受了許多考驗，包括在蝙蝠屋過夜。為了躲避卡馬佐茲的攻擊，雙胞胎縮小躲進了吹箭桶裡，但是烏納普伸出頭來探看，因此遭到斬首。幸運的是，他的兄弟斯巴蘭克用南瓜塑造了一顆新腦袋，使烏納普重生，一起戰勝了冥界的主人。最後，烏納普和斯巴蘭克分別成為月亮和太陽，這個故事代表著光明戰勝了黑暗。即便如此，卡馬佐茲仍然令馬雅人感到敬畏，因此人們會等到每年卡馬佐茲下冥界的時候才種植玉米，這樣就不會受到干擾。

蝙蝠的形象並非全都是負面的。古埃及人相信蝙蝠可以用來避免視力變差、牙痛、發燒甚至禿頭等疾病。在波蘭，蝙蝠是幸運的象徵。至於在中國，蝙蝠則有著最積極正面的聯想，人們認為蝙蝠與幸福、好運相關，五隻蝙蝠就象徵著五福臨門，即好德、長壽、富貴、康寧和善終。這討人喜歡的特性，呼應著蝙蝠為人們帶來的許多好處。由於絕大多數蝙蝠都是以昆蟲為食，牠們在控制蚊蟲數量方面發揮著至關重要的作用，尤其是對蚊子這類物種。此外，以花粉和花蜜為食的蝙蝠，對於多種植物的繁殖也很重要，包括香蕉和龍舌蘭（龍舌蘭酒的原料）。最後，蝙蝠糞是一種極好的肥料。因此，蝙蝠不應被視為

黑暗的可怕象徵，而應被視為具有各種有益功能和特質的奇妙動物。

美洲豹

· · · · · · · · · ·

　　美洲豹是現存最大的新大陸大型貓科動物，生活在中美洲和南美洲偏遠地區，但過去曾經的生活範圍是從南美的巴塔哥尼亞一路延伸到北美的美國西南部。美洲豹是頂級掠食者，牠們的食物至少包括85種其他物種（犰狳、鱷魚、魚類和鳥類等）。美洲豹是獨居動物，主要在夜間捕獵，跟踪伏擊獵物時，通常會從上方一躍而下進行撲殺。與其他以喉嚨或下腹部為攻擊目標的大型貓科動物不同，牠們會咬穿獵物的頭骨，刺入大腦來殺死獵物。牠們的咬合力非常強大，甚至可以刺穿烏龜的殼。美洲豹也是游泳健將，甚至有人觀察到牠們可以游過巴拿馬運河。美洲豹目前受到盜獵者的威脅，盜獵者的目標是牠們獨特的斑點皮毛。美洲豹如今殘存約15000隻，由於人類的伐木和耕作，導致牠們的棲息地喪失，造成更嚴重的生存威脅。不過，在哥倫布來到之前，眾多的美洲文化中，特別是在中美洲，人們曾崇拜尊敬美洲豹，視其為力量和權力的代表。

　　奧爾梅克（Olmecs）是已知中美洲最早的主要文明，西元前1200年出現在現今的墨西哥南部。奧爾梅克人建造了幾座城市，並開發出一種文字書寫系統和一個複雜的日曆。他們可能還使得中美洲蹴球運動變得普及化。蹴球是一種在球場上進行的運動，球員的目標是將一個實心橡膠球穿過敵隊的石環。蹴球比賽具有宗教儀式性質，蹴球象徵著太陽在天空中移動。作為儀式活動的一部分，參與者會穿著精緻的服裝，戴上類似於美洲豹頭的頭盔。奧爾梅克人非常崇敬美洲豹，相信牠們能夠穿越到靈性世界。這是因為美洲豹會在陸地和水中捕獵，不分晝夜。奧爾梅克統治者試圖藉由強調他們與美洲豹之間的關連，來證明自己地位的正當性，聲稱他們是動物和人類結合的直傳後裔。在奧爾梅克藝術中，經常見到混合美洲豹和人類特徵的雕塑與雕刻。這些雕塑被稱為「were-jaguars」，即「豹人」，具有嬰兒般的圓臉、下垂的嘴巴、豐厚的嘴唇、犬齒和杏眼。奧爾梅克文明在西元前400年後走向衰落，可能是由於環境的變化，造成奧爾梅克的農業生產力降低。

　　奧爾梅克文化和宗教，對其他中美洲文化具有很大影響，其中包括起源於現今墨西哥南部、瓜地馬拉和貝里斯北部的馬雅人。西元3世紀到10世紀之間，馬雅有40多座城市，裡面有宏偉的廣場、金字塔、宮殿和廟宇。國王統治著這些城市，並聲稱自己擁有半神半人的地位。

為了展示他們的權力和統治權，國王經常穿著美洲豹毛皮，戴著美洲豹牙齒製成的項鍊，還在寶座上雕刻著美洲豹。馬雅人實行人祭以取悅、安撫許多神明（其中有幾位神明長著美洲豹的模樣）。馬雅人還會獻祭美洲豹，因此當時可能有長途的動物貿易以供應馬雅國王。到了西元 900 年，許多馬雅城市都被廢棄，原因可能是戰爭、人口過多和土地過度使用等，但都是假設，真實原因仍不明。由於馬雅人大量退居，恢復農村生活，因此熱帶雨林逐漸收回了這些過去的大城市。

在中美洲，最後一個蓬勃發展的原住民文明是阿茲特克帝國，由一個叫做墨西加人（Mexica）的民族所建立，他們於 1250 年左右從墨西哥北部遷移到中部。在 14 世紀中葉，墨西加人在特斯科科湖中部的一個沼澤島上建立了一個名為特諾奇提特蘭（México-Tenochtitlán）的定居點。在接下來的 150 年裡，這裡發展成為一個人口超過 20 萬的大城市，其中遍布數十座的龐大建築物，呈現網格狀排列，以三條大堤道與大陸彼此相連。與此同時，阿茲特克國王與臨近的兩個城邦建立了三重聯盟，聯盟以阿茲特克人為首，共同進行了一系列征戰，使他們成為該地區的主導力量。美洲豹對阿茲特克人的重要性不亞於早期的中美洲文化。他們的主要神祇之一特斯卡特利波卡（Tezcatlipoca），是美洲豹的代名詞，經常以美洲豹的形式出現。阿茲特克人組建了一支英勇作戰的強大軍隊，倘若士兵俘虜了敵人，就會被賦予崇高的地

位，得到准許可成為美洲豹戰士。這是一種軍事團，成員皆是全職士兵。團中士兵們的軍服是以美洲豹為發想，希望能因此充滿美洲豹的戰鬥精神（另外還有一個類似的階級，稱為雄鷹戰士）。

後來，阿茲特克帝國的權力和榮耀落入了西班牙征服者埃爾南‧科爾特斯（Hernán Cortés，1485～1547年）手中。科爾特斯於1519年抵達墨西哥，他與手下獲得允許進入特諾奇提特蘭，並受到熱烈的歡迎。可是不久，他們與阿茲特克居民的關係出現了緊張，第2年，這群西班牙人被迫離開，但科爾特斯並沒有被嚇倒。1521年5月，他與當地盟友重新返回，圍攻這座城市。在這個時期，由於當地原住民對西方疾病不具有免疫力，疾病感染數眾多，導致大流行。流行病與西班牙騎兵、火器、鋼鐵武器和盔甲數個因素相結合，幫助科爾特斯取得了勝利。於是特諾奇提特蘭在8月13日淪陷，象徵整個阿茲特克帝國的終結，並預示西班牙對其領土殖民統治的開始，最終甚至擴展到整個中美洲。

第4章

科學、健康和醫學

跳蚤

. . . .

　　雖然跳蚤只有大約 2.5 公釐，卻曾經引起人類歷史上最嚴重的三種流行病。跳蚤是一種無翅的寄生昆蟲，以哺乳動物和鳥類的血液為食，會引起炎症和瘙癢。跳蚤沒有翅膀，但有強壯的腿，跳躍高度可以超過身體長度的 200 倍，這代表跳蚤有能力在不同宿主之間移動。跳蚤腿部具有向後突出的刺，使牠們能夠固定在頭髮、毛皮和羽毛上。跳蚤有超過 3000 個種和亞種，但通常只有大約 10 幾種是以人類血液為食。跳蚤在吸血過程中，會成為感染和疾病的載體。例如貓蚤可以將條蟲和一種斑疹傷寒傳播給人類。最致命的則是一種亞洲鼠蚤，一般會讓囓齒動物受到感染，也很容易傳播給其他所有哺乳動物。這種鼠蚤因攜帶一種名為鼠疫桿菌的細菌而臭名昭彰，鼠疫桿菌正是引起鼠疫的細菌。

　　鼠疫桿菌聚集在跳蚤體內，阻塞喉嚨和腸道中連結的瓣膜，造成鼠蚤難以吞嚥血液。鼠蚤不會因此死亡，但會變得不容易吃飽，促使牠們吃得更多。當鼠蚤覓食吸血，一些桿菌會脫落，然後噴射到正叮咬的動物體內，從而造成感染。接觸鼠疫桿菌一天到一週後就會出現鼠疫的症狀──頭痛、噁心、發燒和腹瀉，可能會發展成三種不同形

式的瘟疫。其中最主要的一種是腺鼠疫，由腹股溝腺發炎而得名。腹股溝淋巴結腫大，是指腋窩、腹股溝和頸部周圍的淋巴結疼痛、腫脹，一般會導致 40% ～ 60% 的病例死亡。如果感染轉移到肺部，則會導致第二種形式的鼠疫──肺鼠疫。如果病菌進入血液，就會導致敗血性鼠疫。後兩種鼠疫的傳染是透過呼吸的飛沫傳播、痰和血液的感染，若不及時治療，通常會致命。

到 5 世紀後期，西羅馬帝國因外敵入侵而變得四分五裂，但在東方，東羅馬帝國──拜占庭帝國則依舊存在著。拜占庭皇帝將自己視為羅馬帝國衣缽的直接繼承人，要說誰能夠恢復羅馬帝國榮光，最接近的人可說是東羅馬帝國查士丁尼一世（西元 485 ～ 565 年）。他於 527 年即位，在他的統治下，從汪達爾人手中收復了北非，從東哥德人手中收復了義大利和達爾馬提亞，從西哥德人手中收復了西班牙南部。但是歷史上第一次大規模鼠疫爆發，卻破壞了查士丁尼的成就。西元 541 年，疫情最初是在埃及爆發，次年，穀物運輸船將疫情傳播到君士坦丁堡，並通過航運路線持續散布至整個地中海。瘟疫爆發導致 2500 萬人死亡，造成歐洲總人口減少約半數，直至大流行結束前，仍大約有 750 人死亡。疫情的爆發嚴重削弱了拜占庭的實力，在查士丁尼去世後的一個世紀內，拜占庭就失去了大部分的領地。

第二次瘟疫大流行則要嚴重得多。它於 1330 年代始於中亞或東

亞，沿著陸路貿易路線進入中東。到 1347 年，已經殺死了數百萬人。那一年，跳蚤、老鼠和感染鼠疫桿菌的人搭乘克里米亞的商船，來到西西里島，在接下來的 5 年裡，鼠疫傳遍了歐洲和北非。這場「黑死病」總共造成至少 7500 萬人死亡，在某些地區，尤其是城市化程度高的地區，死亡率更是超過 80%。當時的人並不知道跳蚤在傳播瘟疫中具有什麼作用，有些人反而指責是「空氣不好」，因為空氣中有毒，因此試圖以焚燒薰香、鮮花和木材來對抗感染。為了治病，人們還會服用瀉藥並放血，但都沒有什麼用。在基督教世界，人們認為瘟疫是神對罪惡的懲罰，因此相對產生了一種「鞭笞者」現象，這種人會在公共場所鞭打自己，希望能因此平息上帝的憤怒。還有人則尋找代罪羔羊，對異教徒團體施以暴力，例如猶太人就成為反猶太主義者攻擊的目標，而當地統治者往往會默許或鼓勵這些攻擊。當時唯一有效對抗瘟疫的方法是 quarantine，意思是隔離、檢疫，這個名稱來自於威尼斯人對來往船隻進行的 40 天隔離時間。

　　黑死病在 1353 年結束，雖然如此，但鼠疫仍持續在許多地區流行，還曾出現過週期性的局部爆發（例如 1665 至 1666 年在倫敦，1720 年在馬賽都曾爆發過瘟疫）導致數千人死亡。但是對倖存者來說卻產生了一些好處，由於勞動力短缺，人們能夠要求更高的工資和更好的工作條件。在西歐，由於黑死病造成人口大減，被束縛在一塊土地上的

農奴消失，影響了義務勞動責任以及向領主所繳的稅，使得封建主義亦隨之結束。由於當時東歐人口原本便較稀少，受到瘟疫的影響較小，因此貴族得以繼續鞏固對農奴的控制，使農奴制一直持續到 18 世紀和 19 世紀。

第三次瘟疫大流行，則是起源於 19 世紀中葉的中國西南地區。當時，全球化步伐加快，新創的橫貫大陸航海線，將攜帶鼠疫桿菌的跳蚤傳播到世界各地的港口城市。到了 1910 年，瘟疫已經蔓延到每一個有人居住的大陸，其中以中國和印度最為嚴重。幸運的是，此時有著進步的科學和醫學，這表示人們能更深入理解疾病的傳播以及如何治療。到了 1890 年代，人們普遍接受了「細菌理論」，認為疾病是由稱為病原體的微小粒子來傳播。1894 年，瑞士裔法國醫師亞歷山大・耶爾森（Alexandre Yersin，1863 ～ 1943 年）確定了導致鼠疫的細菌，並以自己的名字命名為耶爾森氏菌（Yersinia pestis）。四年後，法國生物學家保羅路易斯・賽蒙（Paul-Louis Simond，1858 ～ 1947 年）確定是跳蚤傳播了鼠疫。這使政府能夠控制疫情並研製出鼠疫疫苗。到 1920 年代，大規模爆發便已停止，但直到 1960 年才宣布大流行結束。雖然人們現在可以用抗生素來治療鼠疫，但偶爾仍有局部地區爆發鼠疫，只是跳蚤應該不會再對大眾健康構成過於嚴重的威脅。

水蛭

．．．．．．．

古希臘醫師相信，人體有四種「體液」（血液、痰液、黃膽汁和黑膽汁）掌控著一個人的健康和個性。這四種體液之間必須保持平衡，如果過度或缺乏體液都會導致疾病。這些想法由來自安納托利亞（當時屬於羅馬帝國的一部分）的希臘外科醫師蓋倫（Galen，西元 129 ～ 201 年）所接受。他的許多著作被翻譯成阿拉伯語，理論遍及伊斯蘭世界。在 11 世紀，蓋倫的大量文獻被翻譯成拉丁文並重新引入西歐。直到 16 世紀中葉，這些文獻仍是標準的醫學文本。根據體液理論，血液過多是一個主要的健康問題，會導致一系列問題。包括頭痛、發燒和中風。通過「清除」可以解決這個問題，在這種情況下，醫師會給予患者能誘發嘔吐、排尿或腹瀉的物質，或進行「放血」。當時一種流行的抽血方法是將水蛭放在人的皮膚上。

水蛭主要生活在淡水中，是身體分節的軟體動物。在超過 650 種水蛭中，大約有四分之三具有寄生性，即透過吸食其他動物的血液來覓食，其餘的則是掠食者，以小型無脊椎動物為食。寄生性水蛭通常有三組下顎，上面長滿了幾十顆鋒利的牙齒，用來咬住宿主。為了在吸食時保持抓力，水蛭背上還長了一個吸盤，可以附著在宿主身體上。

水蛭的唾液含有麻醉物質，可麻醉吸附宿主的傷口周圍，並擴張血管以增加血流量，防止凝血。當水蛭吃飽（有時會吃到水蛭體重的10倍），牠就會從宿主的身體脫落，最長可達一年都不須要再次進食。直到吸血結束，宿主通常甚至不會意識到自己已經餵飽了水蛭。體型最小的水蛭長約5公釐，體型最大的則是巨型亞馬遜水蛭，可長達45公分長、10公分寬。在醫師放血時最常用的一種是歐洲藥用水蛭，長約20公分。

人們自古便已將水蛭入藥。埃及人認為水蛭可以治療腸胃脹氣，而羅馬作家兼博物學家老普林尼（Pliny the Elder，西元23／4～79年）則描述過將水蛭用於治療靜脈炎和痔瘡的情況。中世紀的醫師在普遍體液信仰鼓勵下，使用水蛭去治療許多疾病，包括泌尿問題、炎症和眼部疾病。即使體液系統在16世紀中葉受到挑戰並被證明是不正確的，醫師仍經常使用放血療法，這表示利用水蛭在當時仍是一種常見的治療方法。到19世紀中葉，使用水蛭的風氣達到頂峰，這在很大程度上要歸功於法國的前軍事外科醫師布魯塞斯（François-Joseph-Victor Broussais 1772～1838年）。他認為所有疾病都是由胃腸道刺激引起，隨之擴散到身體其他部位。根據布魯塞斯的說法，恢復健康的最佳方法之一是藉由溫和放血。因此，他喜歡用水蛭來放血，而不是在皮膚上切一道傷口出來。他認為使用水蛭的方法更溫和，所以據說他曾經

在一名病人身上放了 90 隻水蛭。布魯塞斯的想法大受人們歡迎，並使得人們對水蛭的需求激增。

傳統上，園丁負責收集水蛭，這些人會裸露雙腿進入池塘中，然後取下附著在腿上的水蛭，裝在裝滿水的罐子裡並出售。當時使用這個方法收集到的水蛭，仍不足以滿足新興的「水蛭熱潮」。取而代之的是，人們會在老馬身上割出許多傷口，然後將馬趕到水蛭池裡，吸引更多水蛭。後來，人們改成挖掘池塘並放養水蛭，建設「水蛭飼養場」，但由於不自然的人工條件和過度擁擠的環境，養殖的水蛭往往不健康。事實上，許多病人和醫師都會要求使用野生水蛭，認為這樣的水蛭品質較好。另外，美國對水蛭的需求量也很大。雖然當地有許多物種，但美國人仍認為進口歐洲物種是首選。由於需求增長如此之大，以至於歐洲藥用水蛭瀕臨滅絕，如今歐洲藥用水蛭只有少數的群體存在。到 19 世紀下半葉，隨著人們開始對疾病有更深入的了解，醫師進而質疑放血的好處，放血的做法便逐漸減少。

自 1970 年代以來，在醫療用途中再度出現水蛭，稱為水蛭療法（hirudotherapy）。水蛭療法在重建或整形手術後特別有用。施行水蛭療法時，水蛭唾液中的物質可改善人體血液循環不良區域的流動（例如進行手指指節連接手術或皮膚移植時），使小血管在組織中延伸並癒合。水蛭釋放的天然抗凝劑，還可以改善血液流動，有助於防止炎

症和組織缺水。在水蛭結束吸血後，治療的應用效果仍會持續10小時。從前施術時，同一隻水蛭會用於多名患者身上，但現在為了防止感染，水蛭用於一名患者後就會被人道銷毀。水蛭的醫療應用也有助於緩解關節炎引起的炎症、疼痛和僵硬。人們現在在實驗室中「養殖」水蛭並用冷藏集裝箱運輸。與19世紀的全盛時期相比，現代水蛭的用途相形見絀，但水蛭仍持續在醫療方面發揮作用。

渡渡鳥

....

模里西斯是一座珊瑚礁環繞的熱帶島嶼，位於印度洋西側，距離非洲大陸海岸1900多公里處，在800萬年前，因海底火山活動而形成。模里西斯的位置孤立，因而形成了獨特的動植物族群，生活在覆蓋島上大部分地區的熱帶雨林中。西元10世紀，第一批到達島嶼的是阿拉伯人和馬來航海者，隨後是1507年的葡萄牙人，緊隨其後的則是1598年的荷蘭人。荷蘭人並以自己國家領導人——拿索的毛里茨（Maurits van Nassau，1567～1625年）的荷文命名Mauritius。40年後，荷蘭人在模里西斯建立了一個殖民地，這是模里西斯島上第一個永久性的人類定居點，後來卻對島上的野生動物造成了災難性的影響，尤其是一種不會飛的鳥——渡渡鳥。

　　渡渡鳥的遠古祖先經由飛行到達模里西斯定居。根據遺傳證據顯示，渡渡鳥最近的現存親戚是綠蓑鳩，這是一種生活在東南亞和西太平洋島嶼的鳥類，渡渡鳥很可能便是起源於這片地區。渡渡鳥到達模里西斯後，由於沒有天敵，所以體型變大，達到約 1 公尺的高度。因為島上沒有動物會吃牠們的蛋，飛行能力也變得沒必要而退化，所以渡渡鳥就將蛋直接生在地面上孵化。近期對渡渡鳥遺骸的研究顯示，這種鳥能夠在地面上快速移動，移動時很可能會伸出翅膀以保持平衡（牠們在交配活動中也會展示使用翅膀）。經過放射線掃描渡渡鳥的頭骨後發現，牠們的嗅球變大，因此能夠以嗅覺分辨食物，而牠們主要以水果為食。渡渡鳥非常適應模里西斯的環境，即使火山活動、氣候變化、乾旱和野火等影響了島上數千年的環境，渡渡鳥仍持續生存著，卻無法在與人類的接觸中倖存下來。

來自荷蘭的殖民者和水手抵達模里西斯後，都對渡渡鳥感到好奇。人們會描繪或製作渡渡鳥雕刻，甚至將一些標本運送回歐洲。渡渡鳥也是新鮮肉類的寶貴來源，這是人類經過長途遠洋航行後，非常需要的東西。雖然渡渡鳥已確定是因為成為人類的食物而被獵殺（而且由於牠們不害怕人類，所以很容易成為目標），但這並非牠們數量下降的主要原因。來自模里西斯早期荷蘭殖民地的考古學證據顯示，當時殖民者主要仍以飼養的牲畜為食。渡渡鳥後來數量下降的主要原因是荷蘭人引進了模里西斯原本沒有的貓、狗、山羊、鹿、猴子、老鼠和豬等，對當地來說的新物種。這些動物會與渡渡鳥爭食，吃掉牠們的蛋和雛鳥。此外，移民砍伐林木也奪走了渡渡鳥的棲息地。最後一隻渡渡鳥出現在 1662 年，經過幾十年後，渡渡鳥就滅絕了。還有其他模里西斯的物種也緊隨其後滅絕，例如圓頂模里西斯巨龜，在 18 世紀早期就消失了。即使遭受滅絕之災，渡渡鳥最後仍遭受屈辱，被描繪成是一個胖嘟嘟、笨拙、有點滑稽的生物，成為過時的代名詞。

　　渡渡鳥最早的畫像是由目擊者繪製的素描，畫像中的渡渡鳥比日後人們描繪的體型更小。在 17 世紀和 18 世紀，這種鳥的圖像變得更加奇幻精緻，但描繪的特徵並不正確，包括比例過大的頭部和喙、蹼足和彩色羽毛（渡渡鳥真正的羽毛大多為棕灰色）。一些繪畫的根據可能是因圈養而超重的渡渡鳥，因此被畫得有些肥胖。這表示人們誇

大了渡渡鳥的體型大小。渡渡鳥骨骼的掃描和 3D 建模顯示，這種動物體形應該比較小，可能只有 10 公斤重，是之前聲稱的一半。

渡渡鳥具有很多不確定性，這是因為牠們肢體殘骸完整保存下來的很少。我們沒有渡渡鳥完整的標本，目前殘存的骨骼是由多隻不同的渡渡鳥拼裝而成的。渡渡鳥唯一倖存的軟組織來自一個木乃伊標本，現存於英國牛津大學自然歷史博物館。據說這隻渡渡鳥在 1630 年代被帶到倫敦公開展示（最近對其頭部的掃描，發現其中嵌入了鉛彈，顯示牠在離開模里西斯之前就被槍殺了）。在牠死後，被塞滿了填充物，並於 1662 年送給了古董收藏家伊萊亞斯 · 阿什莫爾（Elias Ashmole，1617 ～ 1692 年），然後又贈送給牛津大學。到了 1775 年，由於當時的動物標本製作效果較差，這隻渡渡鳥已經腐爛，只能挽救頭部和一隻腳。因此，這些殘存的身體部位提供了唯一已知的渡渡鳥 DNA 來源，讓人們得以進一步研究此種鳥類。2016 年，人們進行渡渡鳥基因組測序，在理論上創造了可能性，希望能將渡渡鳥從滅絕中復活過來。

恐鳥

在 14 世紀，紐西蘭的原住民毛利人從玻里尼西亞東部來到這裡。由於紐西蘭與世隔絕，自成一個生態系統，除了蝙蝠、獨特的鳥類、爬行動物和青蛙外，紐西蘭沒有本土陸地的哺乳動物。其中最令人印象深刻的是恐鳥，這種鳥和鴕鳥具有親戚關係，都是不會飛的鳥。恐鳥裡面有一種巨型恐鳥，體型高度超過 3 公尺，是有史以來最高的鳥類。儘管恐鳥是敏捷迅速的奔跑者，但在 17 世紀後期已被人類獵殺滅絕，只有一些較小的物種可能一直存續到 19 世紀。

蚊子
....

　　除了人類自己，蚊子是歷史上殺死最多人類的動物。這種有翅小蟲的影響力遠遠超過了體型大小，蚊子的身體長度從 3 到 19 公釐都有。可以生活在亞熱帶和溫帶地區，但在溫暖潮濕的地區，特別是熱帶地區，蚊子特別活躍。蚊子需要水源以產卵，孵化形成水生幼蟲，因此，

沿海、沼澤和濕地的蚊子數量往往較多。不過，蚊子會在任何積水或死水區域產卵，這表示排水不暢或汙染程度較高的人類居住地區，更容易受到蚊子的侵擾。

　　蚊子以花蜜和水果汁液為食。然而，這些食物中並不含有蚊子產卵期所需的鐵和蛋白質。因此，雌性的蚊子必須從宿主身上吸血，牠們會用口器刺穿宿主的皮膚，並注射抗凝血劑，這可以防止在吸食時血液凝結，堵塞牠們的口器。蚊子可以吸入其體重兩到三倍的血液。在吸食過程中，蚊子所攜帶的病原體可能會感染宿主並傳播疾病。

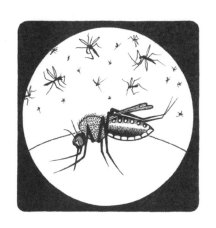

　　蚊子有 3500 個種類，捕食的對象包括哺乳動物、鳥類、昆蟲和魚類在內的各種動物。有超過 100 種的蚊子以人類血液為食，牠們會通過感知溫度、體味和二氧化碳排放量來尋找目標。當蚊子叮咬人類，可能會傳播登革熱、腦炎、心絲蟲病、西尼羅熱、黃熱病、茲卡熱等

疾病，其中最嚴重的是瘧疾，每年有數百萬人感染這些疾病，造成數十萬人死亡。這使得蚊子成為世界公共衛生的最大威脅之一。

最主要傳播疾病的蚊子有三個族群：家蚊、黑斑蚊和瘧蚊。家蚊會傳播一系列疾病，最嚴重的是西尼羅熱，病毒源自鳥類，透過蚊子傳播給人類。西尼羅熱沒有疫苗，感染後有 20% 的機率會引起發燒、頭痛和嘔吐。其中大約 0.7% 的病例，會導致更嚴重的症狀甚至死亡。

黑斑蚊起源於非洲。從西元 15 世紀開始，以載運奴隸為主的歐洲船隻，在不知不覺中開始將黑斑蚊帶過大西洋彼岸，到達美洲。從那時起，牠們就已經傳播到每一個大陸上，除南極洲以外。一般來說，即使是舊輪胎累積了一些雨水，黑斑蚊都可以將之作為牠們產卵的儲存容器。黑斑蚊會傳播多種疾病，包括黃熱病（在某些情況下會引起黃疸而得名），如果不加以治療，可能會導致死亡。人們曾經普遍認為，導致黃熱病的原因是衛生條件差或與感染者接觸，而不是蚊子。確切的感染原因能夠找出來，要歸功於美國陸軍外科醫師沃爾特‧里德（Walter Reed，1851～1902 年），他率領了一組工作成員研究黃熱病，因為這個病在 1898 年美西戰爭期間造成大量死亡。到 1900 年，里德與團隊證明了蚊子才是始作俑者，於是他們通過改善排水和殺蟲劑來減少蚊子的數量，因而控制住了黃熱病。1930 年代，進而開發出針對黃熱病的終生免疫疫苗，但這種病在熱帶非洲、加勒比海以及中南美洲地區仍然持續流行。

淡水螺

血吸蟲病是一種由寄生扁蟲所引起的疾病，扁蟲來自於受感染的淡水螺被放到水中。這些扁蟲會讓接觸到污染水的人受到感染，並擴散到重要器官，導致嚴重的健康問題，有時甚至導致死亡。根據世界衛生組織的數據顯示，血吸蟲病每年殺死大約 20 萬人，使淡水螺成為僅次於蚊子的第二大致命性動物。

瘧疾是蚊子傳播的疾病中最嚴重的，由瘧蚊傳播，這種蚊子主要是一種稱為甘比亞瘧蚊的物種族群。瘧疾是一種寄生蟲感染病，寄生蟲會在蚊子的腸道中繁殖，然後通過蚊子吸血的唾液，傳播到人類的血液中，接著進入到人體肝臟繁殖，然後寄生蟲重新進入血液循環，侵入並破壞紅血球。如果未受感染的蚊子叮咬已感染的人類宿主，瘧疾病毒就會傳播到未受感染的蚊子身上，從而不斷循環。瘧疾會引起寒顫、發燒、疼痛、噁心、嘔吐和腹瀉。嚴重時，病毒會破壞血液，造成重要器官受損，如果不治療，會導致昏迷、癲癇發作甚至死亡。

直到 19 世紀後期，人們才證實了蚊子在傳播瘧疾中所扮演的角色。在此之前，人們都認為瘧疾是因沼澤和濕地的「髒空氣」所引

起。1897 年，在印度工作的英國醫師羅納德・羅斯爵士（Sir Ronald Ross，1857～1932 年）發現瘧原蟲生活在蚊子體內，證明了蚊子在傳播疾病中的角色。奎寧是治療瘧疾的方法，原料來自安第斯山脈金雞納樹的樹皮（自 17 世紀以來一直在使用），1934 年起便已開發出氯喹等抗瘧疾藥物，雖然如此，但減少蚊子數量並防止受到蚊子叮咬，仍是一種更有效對抗瘧疾的方法。我們可以藉由各種方式來達成目的，包括噴灑殺蟲劑、排乾沼澤和停滯水的濕地，以及廣泛分發和使用蚊帳、驅蟲劑。

天竺鼠

大約在西元前 500 年，居住在南美洲安第斯山脈的人們馴養了一種囓齒動物，飼養目的是為了吃牠們的肉。除了美洲駝和羊駝，這個地區唯一被馴化用於農業的哺乳動物就是天竺鼠。到了印加時代，印加人所使用的克丘亞語，稱這種生物為 quwi 或 jaca。人們也用天竺鼠進行祭祀儀式，然後割開牠們的肉檢視內部，以預測未來。天竺鼠的西班牙語是 cuy，至今仍然是許多居住在安第斯山脈人們的食物來源之一。英語則稱為 guinea pig，意思是幾內亞豬。

　　1530 年代，西班牙人抵達安第斯山脈後的幾年裡，人們開始將少量天竺鼠運回歐洲，最初，社會精英將天竺鼠當作寵物來飼養。到了 17 世紀中葉，牠們在英國就已被稱為幾內亞豬，但確切原因並不清楚。幾內亞可能是指這些動物是從西非幾內亞的港口運送到歐洲，或者可能是南美洲東北部地區蓋亞那變化而來。之所以被稱為豬（豚），是因為牠們的體形看起來有點像豬，還會發出像豬的尖叫聲。到了 19 世紀，溫順且易於照顧的天竺鼠已成為受歡迎的寵物。這些特性也使牠們成為醫學實驗動物的理想對象。

　　至少從西元前 4 世紀起，人類就一直在進行動物實驗。由於解剖人類屍體是禁忌，而且通常是非法的，人們為了能了解更多解剖學知識，通常會使用動物來代替。到了十九世紀，對活體動物的醫學實驗變得更加普遍，人們會讓動物感染疾病，然後試圖找到治療方法。由於有人開始質疑以這種方式對待動物的道德性，因此建立了改善動物待遇的協會。在英國，這催生了 1876 年的《虐待動物法》（*Cruelty to Animals Act*），這是第一個動物實驗的相關立法。根據法條，進行動物實驗時必須麻醉動物，而研究人員也必須事先獲得許可，如果對動物造成不必要的痛苦，研究人員可能還會被起訴。

　　與天竺鼠關係最密切的科學家，是德國醫師羅伯‧柯霍（Robert Koch，1843 ～ 1910 年），他的工作澈底改變了人們對疾病的認識。

斑馬魚

斑馬魚是鯉科的一員，因其身體有斑紋而得名。雖然是一種魚，但廣泛用於人類醫學研究，特別是藥物開發、疾病發展建模和遺傳研究。這是因為 70% 的人類基因可以在斑馬魚中發現。斑馬魚的繁殖速度也很快，胚胎分明，這表示科學家可以從受孕開始監測牠們的發育。

1876 年，他確定了導致炭疽病的病菌，進而著手研究當時最致命的疾病之一——肺結核。肺結核俗稱肺癆，主要感染人體的肺部，在許多城市都有流行，特別是在貧困地區。柯霍醫師確信結核病是由一種細菌引起的，他發現並確認這種病菌是結核分枝桿菌。他在天竺鼠身上測試了他的理論，並於 1882 年發表了這個發現。柯霍隨後致力於治療肺結核，他開發了「結核菌素」，一種基於結核菌培養物所萃取出來的液體。他拿結核菌素在天竺鼠身上做實驗，結果顯示有效，於是在 1890 年宣布了這場巨大的成功，引發全球轟動，柯霍醫師被譽為救世主。但很快人們就發現，他的結核菌素對治癒肺結核的效果並不好，因此肺結核繼續對人類的公共衛生造成嚴重威脅。後來傳出一些正面

消息，治療破傷風和白喉疾病的抗毒素（在天竺鼠和其他動物身上做過動物實驗）得到成功開發。隨後，在 1921 年，預防肺結核的疫苗製成，使結核病得到了控制。到了 1951 年，又發明了一種有效的治療方法，即異煙肼抗生素。

到了 20 世紀初，人們開始用「天竺鼠」來比喻實驗受測對象。除了牠們的特性，科學家之所以廣泛使用天竺鼠作為實驗動物的原因，是牠們的免疫系統與人類免疫系統大致相似。但自 20 世紀中期以來，人們在醫學實驗中使用天竺鼠的數量有所下降，因為研究人員普遍變得更喜歡用小白鼠和大白鼠，這主要是因為白老鼠的成本較低，繁殖率也較高。天竺鼠雖繼續用於動物實驗，但數量已經降低。由於天竺鼠的耳朵構造與人類相似，因此為了更深入了解人類的聽力，仍然以天竺鼠進行這方面的研究。同時也因為天竺鼠呼吸系統對過敏原的敏感性，也使得人們經常會用天竺鼠來尋找治療呼吸問題的方法。

數個世紀以來，人們不斷提出反對以動物進行實驗的意見。這些爭論糾結於，動物實驗帶給動物不必要的痛苦和折磨，因此將動物用於科學研究是不道德的。自 1970 年代以來，動物權利運動的步伐加快。支持者認為動物有權活得有尊嚴、受到尊重；反對者說，對動物進行醫學實驗的好處大於所有負面影響，並認為動物不具有與人類相同的權利。動物依然持續被用作實驗對象，不過在大多數國家和地區，都

針對動物飼養條件制定了衛生標準的立法，並要求將所有施加在動物身上的痛苦降至最低。

聰明的馬兒漢斯

關於人類是否可以教動物學會說話，以及動物理解人類語言的問題，長期以來一直存在爭議。教導鸚鵡模仿人類的短語時，有些鸚鵡能夠學會數百個單詞，在某些情況下甚至還會回答問題。類人猿由於舌頭、下巴和聲帶的結構不同，很難模仿人類的語言，但有一類人猿學會了手語，能夠運用數百個單詞。然而，許多科學家質疑，這樣的程度是否可以真正稱為「語言」，以及動物實際上究竟理解多少。同樣的，動物的認知能力也一直是實驗和假設的主題。動物真的能思考學習嗎？或者牠們只是表現出本能？還是訓練反應的條件反射作用？從「聰明的漢斯」這隻馬的例子，我們可以知道，對於動物是否真的能夠進行人類層級的思考和交流，要正確評估是非常困難的。

威爾海姆・奧斯坦（Wilhelm von Osten，卒於 1909 年）是一位德國中學數學教師，他認為人們低估了動物的心智能力，為了證明自己的直覺，他決定嘗試教動物數學。他對貓和熊的嘗試以失敗告終，

後來轉而對一隻名叫漢斯的公馬（奧爾洛夫快步馬，產於俄羅斯）進行教學。奧斯坦開始教漢斯數學，他教漢斯敲蹄，以次數辨識寫在黑板上的數字。然後他開始教漢斯數學符號（甚至還有平方根），還能解出方程式的答案。接著則是英文字母。漢斯會以跺腳的方式代表不同的字母──跺腳一次表示「A」，兩次表示「B」，依此類推。這開啟了漢斯的能力，播放音樂，漢斯便能夠拼出作曲家的名字，或者畫作藝術家的名字。漢斯似乎還能夠辨識顏色和撲克牌，牠能夠看懂時鐘顯示的時間，並回答有關日曆中即將到來的日期等問題。為了公開展示漢斯的聰明才智，奧斯坦在 1891 年開始在德國柏林免費舉辦公開展示漢斯的才華。民眾對此感到很驚訝，因為漢斯答題的準確率達到90%，具有相當於 14 歲孩子的數學能力。

但懷疑論者開始懷疑奧斯坦，聲稱他以某種方式暗示漢斯。精神分析學創始人西格蒙德・弗洛伊德認為，這是由於漢斯和奧斯坦之間具有一種心電感應。不過，即使奧斯坦不在場，而是由另一位訓練師提問，漢斯在絕大多數情況下仍能正確以蹄子敲出答案。德國教育委員會為了查明此事，於 1904 年下令成立一個委員會調查漢斯。這個委員會由哲學家和心理學家卡爾・斯圖姆夫（Carl Stumpf，1848 ～ 1936 年）領導，邀集了動物學家、獸醫、馴獸師、教師甚至馬戲團經理，經過 18 個月的研究，最後宣布奧斯坦從頭到尾都沒有製造詐騙。

後來，在德國柏林大學斯圖姆夫一名助手奧斯卡・芬格斯特（Oskar Pfungst 1874～1932 年）的領導下，人們持續對漢斯進行評估。1907 年，經過進一步調查和實驗，找到了解答。漢斯會對提問者的姿勢和臉部表情等細微的暗示做出反應。牠能感覺到在蹄子敲了正確數目後人們出現的微小變化，隨即停止敲擊，似乎這就是漢斯能夠提出正確答案的原因。芬格斯特讓提問者問馬兒漢斯一些問題，但提問者自己不知道答案，以及隔離漢斯和提問者，證明了這一點。在這兩種情況下，由於漢斯得不到視覺提示，牠所提出的就是錯誤答案。「聰明的漢斯」之謎因而解開。雖然漢斯對人類肢體語言的反應能力令人印象深刻，但不能說牠能真正回答問題。由於這一事件，人們在後續所進行的動物交流實驗和研究中，便盡量減少與對象的面對面接觸，進行最佳做法，以確保結果正確，避免任何誤測。

雖然漢斯具有人類智力水準的真相已由科學揭穿，但奧斯坦仍繼續在公共場合展示，經常吸引大量人群。後來奧斯坦於 1909 年去世，漢斯被賣掉，經歷過數個不同的主人。1914 年第一次世界大戰爆發，許多馬匹因主人自願服役，或被德國政府徵用。儘管漢斯很出名，卻沒有免於服役。可悲的是，牠在 1916 年時從官方的紀錄中消失了，表示牠可能是戰爭中數百萬頭傷亡的馬匹之一。

名為吉姆的馬

白喉是一種細菌接觸所引起的疾病，對兒童尤其嚴重，會導致呼吸問題、發燒甚至死亡。在 1890 年代，科學家們研究出了一種抗毒素來治療白喉。人們給馬注射白喉細菌，然後收集馬的血液，取出抗感染的抗體，以製成注射血清。在美國有一匹叫吉姆的馬，在這種做法下為人類產出了超過 28 公升的血清，但 1901 年牠感染破傷風並被撲殺，在這段時間中，吉姆受到汙染的血清已被分發出去，導致了 13 名兒童死亡。這使得政府對藥品的監管變得更加嚴格。

旅鴿瑪莎

. . . .

1914年9月1日，一隻名叫瑪莎的旅鴿在美國辛辛那提動物園（Cincinnati Zoo）的籠子裡壽終正寢。瑪莎從小就被養在動物園裡，由於肢體癱瘓，經常發生顫抖，也從未產下受精的蛋。四年多來，牠一直是該物種中最後一個已知的成員。牠吸引了數百名遊客，人們有時會往牠的籠子裡扔沙子，想要鼓勵牠起來走動。旅鴿曾經是世界上數量最多的鳥類之一，瑪莎之死標誌著旅鴿的滅絕。

旅鴿原產於北美。在歐洲人到達之前，旅鴿曾經占北美鳥類數量總數的四分之一以上，約為30到50億隻。旅鴿的主要繁殖地是曾經覆蓋北美東部大部分地區的森林，冬季時，牠們大多會向西遷移以尋找食物。旅鴿的名字來自法語passer，意思是「路過」，指的是旅鴿的遷徙習性。旅鴿成群結隊地生活和旅行，有時族群數量超過百萬，牠們的飛行速度很快，達到每小時95公里。據說，當一群旅鴿飛過，鴿群可擋住太陽，還發出極大的噪音，聲音大到人們甚至無法進行交談。旅鴿築巢地的範圍可能很大。跟據紀錄，威斯康辛州一個超過2000平方公里面積的地方就有1.36億隻旅鴿。旅鴿棲息在樹上，有時數量多到會折斷樹枝。旅鴿會形成密集的族群，意味著掠食者對其群體所造

成的任何損害都會達到最低程度。因為數量龐大，即使失去了幾隻旅鴿或幾枚蛋，影響也很小。

　　到了 19 世紀初，美國開始向西部擴張。當時的人口主要集中在東海岸的城市，但在歐洲移民的推動下迅速增長。由於移民者所帶來的暴力和疾病，美洲原住民付出了代價。移民者占領了原住民幾個世紀以來生活、狩獵和覓食的土地。在此過程中，數千平方公里的森林被砍伐，因而奪走了旅鴿的棲息地。

　　對旅鴿造成最大威脅的就是獵人。由於族群稠密，這些鳥類非常容易被殺死。只要在旅鴿群中揮動一根棍子，很容易便可打到幾隻。城市地區對肉類的需求也引發了人們對旅鴿的獵捕，鼓勵形成了商業化的大規模殺戮。加上交通和通訊方面的創新，更助長了旅鴿的獵捕。範圍遍及全美國的電報網，得以迅速傳播鴿群活動的相關報告，而鐵路則能將旅鴿（通常是裝在桶中）快速運送到市場上。獵人會找到旅鴿的築巢地，數以千計的獵殺。有一種常見的方式是在旅鴿築巢的樹下生火或點燃硫磺，使旅鴿頭暈目眩，掉到地上。另一種簡單的方法是砍掉旅鴿築巢的樹木，或者用浸泡在酒中的穀物作為誘餌。有時，人們會將圈養的旅鴿（或模型）設置為誘餌，放到一種稱為「凳子」（stool）的小棲架上，用以吸引其他旅鴿，讓牠們以為鴿群成員找到了食物，於是成群結隊蜂擁而至，然後牠們就被困在網中。這種方法

導致出現了「stool pigeon」一詞，指的是向警察出賣同伙的線民。

到了 1860 年代和 70 年代，旅鴿的數量明顯在迅速下降，但屠殺仍在持續。1896 年，人們發現了最後一批規模相當大的旅鴿群，數量為 25 萬隻，但最後獵人殺死了大部分的旅鴿。人們最後看到野生旅鴿是在 1901 年，牠被槍殺並被剝製。到了這個時候，聯邦政府終於被喚起開始採取行動（儘管一些州已經通過當地法律來保護旅鴿）。1900 年 5 月，《雷斯法案》（*Lacey Act*）簽署成為法律，這是美國立法通過的第一個保護野生動物的國家法案。這項法律禁止在州際間進行非法殺死獵物和魚類（以及非法採集植物）的貿易。1918 年通過的另一項法律，則是旨在保護候鳥。但法律來得太晚，因而無法幫助到旅鴿。許多旅鴿仍繼續被圈養，人們嘗試繁殖旅鴿這件事，則以失敗告終。

旅鴿的象徵意義在於，即使是看似健康的物種也很容易滅絕，以及保護野生動物免受人類剝削的必要性。科學家從倖存的旅鴿標本中提取 DNA，並用它來模擬旅鴿的基因組，同時以旅鴿最近的親戚──斑尾鴿的 DNA，填補缺損的部分。這增加了讓旅鴿有朝一日能夠回歸於世的可能生，但鑑於旅鴿喜歡群聚，所以尚不清楚是否會成功。

至於旅鴿瑪莎，牠死後被冷凍，封入一塊 140 公斤重的冰塊中，並用火車送往華盛頓特區的史密森尼學會（Smithsonian Institution），在那裡經過處理、解剖、塞入填充物後，放到國家自然歷史博物館展

出，直到 1999 年，才不再屬於常設公開展示。

黑鼠
. . . .

　　1918 年 6 月 15 日，馬康波號（Makambo）輪船在澳洲雪梨東北 780 公里的豪勳爵島（Lord Howe Island）上擱淺。直到 18 世紀後期，豪勳爵島才被人類發現，那裡有許多獨特的植物、鳥類和昆蟲。馬康波號輪船上裝運著許多水果和蔬菜等貨物，躲藏其中的黑鼠匆匆上岸，登上豪勳爵島，為島上多樣性的生物帶來了威脅。馬康波號經過重新打撈後繼續進行航行任務（後來賣給了一家日本公司，並於 1944 年被一艘英國潛艇擊沉）。由於島上沒有任何天敵，黑鼠得以繁衍生息，但對豪勳爵島的動植物卻造成了嚴重損害。黑鼠導致了物種的滅絕，包括 5 種鳥類、13 種昆蟲和 2 種只生長在當地的植物。在 1920 年代，為了控制黑鼠，人們將塔斯馬尼亞島上的東方草鴞（貓頭鷹）引入豪勳爵島，但草鴞反而對當地的鳥類族群和築巢的海鳥造成了更大的傷害。豪勳爵島上發生的事情，是黑鼠和相關老鼠物種如何入侵一個地區，並對當地野生動物造成嚴重破壞的一個縮影。這種情況已經持續了數千年，但在過去的 5 個世紀中，卻由於全球海上貿易和歐洲帝國

主義、殖民主義的興起而加速。

黑鼠可能起源於東南亞，隨後散布到印度。通過陸路，黑鼠在西元前 2000 年到達阿拉伯半島，在西元前 1000 年到達巴勒斯坦，在西元前 400 年到達西地中海。當黑鼠在西元 3 世紀到達英國，早已在歐亞大陸和北非建立起了良好的據點。九世紀時，阿拉伯商人將黑鼠引入印度洋的島嶼，自 16 世紀開始，黑鼠便散布到美洲，經由歐洲船隻運到大西洋彼岸。

黑鼠無處不在，一個原因是牠們繁殖速度極快。黑鼠在 2 到 4 個月內就會達到性成熟，一對雌雄黑鼠在一年內可以衍生 10000 隻後代。黑鼠也是雜食性和機會主義的覓食者，具有敏銳的嗅覺，行動非常敏捷又擅長游泳，這使牠們非常適合居住在人類聚落附近。在鄉間，黑鼠可以吃農民種植的穀物和水果；在城市，牠們也可以吃任何可消化的東西，因此垃圾和廚餘提供了牠們另一個充足的食物來源。黑鼠在無人居住的地方同樣生活無礙，因為牠們可以快速爬上樹，穿過樹梢尋找食物，尤其是雛鳥和鳥蛋。黑鼠的流竄對人類產生了負面影響，因為牠們會破壞農作物，同時傳播疾病，其中最嚴重的就是瘟疫。

兔子

兔子原產於歐洲西南部和非洲西北部，中世紀時期，人們將兔子引入歐洲其他地區。18世紀後期開始，英國殖民者又將兔子帶到澳洲、紐西蘭和許多太平洋島嶼上，在那裡，人們把兔子當作獵物獵殺，或作為船員的食物來源。就像老鼠一樣，兔子也變得具有侵略性，嚴重破壞了當地的生態系統。兔子的挖洞天性導致土壤侵蝕，放養兔子對當地植物和農作物都造成了嚴重的損害。

人類還將另外兩種老鼠散布到世界各地。一種是玻里尼西亞鼠，和黑鼠一樣也起源於東南亞。當人類從西元前3000年開始在太平洋島嶼上定居，就已經攜帶玻里尼西亞老鼠。這可能是當時有意為之，因為有時人們會吃這些老鼠，還用牠們的皮毛來做衣服。另一種是褐鼠，來自中國北方，在15世紀中葉時去到了歐洲。褐鼠在1720年左右輾轉進入英國，當時英國正好即將開始2個世紀的帝國主義擴張，因此褐鼠得以藉機散布到世界各地。褐鼠的體型比黑鼠更大且更具攻擊性，在許多地區都取代了黑鼠的地位，特別是在比較溫暖的環境中。

黑鼠在熱帶環境中最能成功繁衍，尤其是在沒有天敵的島嶼上。

在 19 世紀和 20 世紀，一些偏遠的島嶼，特別是太平洋上的島嶼，成為了全球航運網路的一部分。豪勳爵島上發生的事情，在其他數千個地方重演。黑鼠能夠游泳 300 到 750 公尺的距離，這表示牠們可以游到鄰近的島嶼上定居。因此，往往只有小而無人居住的島嶼上沒有老鼠。熱帶島嶼為黑鼠提供了一系列食物來源，包括鳥類、爬行動物、蜘蛛、昆蟲、甲殼類動物、海龜等，黑鼠會吃掉這些動物，導致無數物種的滅絕。其中黑鼠最喜歡的食物還是植物。黑鼠吃掉了植物的種子和果實，打斷了植物的散布。再加上牠們喜歡吃芽及啃樹皮，這表示黑鼠會嚴重破壞森林，結果導致其他動物的食物供應和棲息地都受到嚴重破壞。黑鼠即使是在最貧瘠的環境中也能生存，牠們甚至不需要淡水水源，從露水、降雨和食物中的水分便可獲取所需的所有水分。美國在西太平洋馬紹爾群島的埃內韋塔克環礁設置了核武器試驗場，但後來黑鼠甚至還能持續在環礁上生存。從 1948 年到 1958 年為止，環礁便進行過 43 枚核彈的引爆試驗。

人們一直在努力消除各地區入侵的老鼠族群。在大多數情況下，只有在較小的島嶼上能成功。南喬治亞島是成功的最大島嶼，這是南大西洋中的一個島嶼，面積約 3500 平方公里，當地於 2018 年宣布消除了黑鼠蹤跡。主要是藉由在全島上傾倒 30 萬公斤的毒藥，以殺死島上的黑鼠族群而實現。這種方法顯示，如果人類希望擺脫黑鼠和其他

入侵的物種，可能必須採取激進的行動。

老虎
·······

　　老虎是最大的貓科動物，最早是在 200 萬年前開始演化。在歷史上，老虎的分布範圍曾經延伸到亞洲大部分地區，從最西邊的安納托利亞到最東邊的東海沿岸，南至印尼的峇里島。可見許多環境中都有老虎，從寒冷的針葉林區（經年白雪的森林）到乾燥的草原，再到熱帶雨林。無論生活在哪裡，老虎都是頂級掠食者，夜間狩獵，伏擊獵物，如野豬、鹿和麋鹿。除了母親和幼崽（母子會一起生活 2～3 年），老虎大多是獨行的。牠們的領地性很強，單隻老虎的活動範圍可達 4000 平方公里。老虎在各地區分支成不同的亞種，其中最大的是西伯利亞虎，主要生活在俄羅斯遠東地區，以及中國東北部的部分地區，可能還有朝鮮的最北部。西伯利亞虎身長可達 4 公尺，重 300 公斤。西伯利亞虎的皮毛呈現橘褐色，帶有深色條紋，像其他老虎一樣，然而，西伯利亞虎的毛往往更長、更厚、更柔軟，顏色也更淡，爪子周圍有額外的長毛，以保護西伯利亞虎免受冰雪的侵襲。

　　幾千年來，在整個亞洲，老虎一直是人們崇敬的對象。在印度，

老虎是力量和勇敢的象徵，牠是印度教女戰神杜爾迦（Durga）的坐騎之一。雖然老虎現在已於朝鮮半島的大部分地區消失，但牠曾經被尊為長白山神，是神聖的守護者。從 1391 年到 1910 年，統治朝鮮的朝鮮王朝就是以雕刻的石虎守護皇家陵墓。老虎在朝鮮文化中具有護身符的保護作用，在日本統治時期（1910 ～ 1945 年），更是朝鮮民族團結和抵抗的象徵。西伯利亞虎是韓國的國獸，也是 1988 年漢城奧運會吉祥物之一。在中國，老虎代表陽剛之氣，被視為動物的統治者，因為牠頭上的四道條紋看起來就像一個「王」字。有鑑於此，東亞國家從 1950 年代和 60 年代開始經歷快速工業化的繁榮增長時期，被稱為「虎體經濟」（tiger economies）。儘管人們崇敬老虎，但牠們的數量卻逐步下降，特別是自 20 世紀初以來，老虎已瀕臨滅絕。

1900 年，野外還有約 10 萬隻老虎。到 2015 年，只剩下 3200 隻。許多亞種都已滅絕，例如裏海虎、爪哇虎和峇里虎。此外，華南虎可能已經在野外消失了，因此如今只剩下五個老虎亞種——西伯利亞虎、孟加拉虎、印度虎、馬來亞虎和蘇門答臘虎。造成老虎族群數量急劇減少的原因很多。首先，老虎是獵人最想要獵捕的目標，希望終生能夠捕到一頭老虎；其次，老虎的毛皮在服裝和裝飾方面有需求；第三，老虎身上幾乎所有部位都被視為中藥的強效成分，能對抗一系列疾病。老虎的骨頭磨碎可用來治療關節炎，而老虎的血液則被認為

可以增強意志力，甚至老虎的膽汁也被認為可以防止兒童癲癇。最後，也是最重要的一點，由於汙染、人口增長、農業和伐木，老虎失去了棲息地。這不僅奪走了老虎的領地，還奪走了牠們的獵物。事實上，西伯利亞虎的棲息地已經減少很多，以至於牠們不再生活在以牠們為名的地區。出於這個原因，有時西伯利亞虎被稱為阿穆爾虎，以流經剩餘棲地範圍的阿穆爾河（Amur）為名。

在 20 世紀，人們捕獲了成千上萬頭的老虎，用於公開展示。如今人們圈養的老虎比野外的還多，這種情形在美國尤為普遍，全國可能有多達 10000 隻被圈養的老虎。但只有少數老虎被關在動物園裡，其他許多老虎都是關在私人住宅中。圈養老虎在很大程度上不受管制，老虎可能會遭受虐待、忽視和近親繁殖。許多幼崽長大以後體型變得太大，無法控制，因而被殺死。圈養老虎和繁殖並不真正等同於保護老虎，因為這些老虎幾乎不可能回歸野外。更重要的問題是，人們經常將老虎與獅子一起飼養，生出「獅虎」或「虎獅」，這些動物都患有神經系統疾病和遺傳缺陷。

　　近幾十年來，老虎的數量開始緩慢恢復，截至 2020 年，野生老虎數量增至約 3900 隻，顯示老虎的數量在一個多世紀以來首次上升，其中約一半是生活在印度的孟加拉虎。如今，各國政府皆已採取行動，禁止使用老虎製成任何產品，特別是醫療產品，並於 1997 年禁止老虎身體器官的國際貿易。一些地區已被劃為老虎保護區，盜獵會遭到取締。俄羅斯遠東地區是一個偏遠、人煙稀少的地區，綿延著最大的老虎棲息地，是 500 多隻西伯利亞虎的家園，與 1940 年代相比，當地老虎的數量已大幅增加，原本只剩下不超過 30 隻，經由各方齊心協力，確保老虎的數量維持穩定。人們用攝影機和標記的方式，嚴密監控老虎的族群，另外還照護幼崽孤兒，直到牠們長大到足以在野外生存便野放。西伯利亞虎和其他老虎亞種的數量恢復一事表明，即使是最雄

偉的動物也會從野外消失，但只要人們齊心協力，就有可能讓牠們從滅絕的邊緣復甦。

小狗萊卡

. . . .

二戰後，留下了兩個超級大國——美國和蘇聯。兩個國家之間的冷戰延續了半個多世紀，在沒有直接發生衝突的情況下爭奪霸權。雙方競爭中最重要的舞台之一就是太空，造就了後來一隻聞名於全球，來自莫斯科的流浪狗。

太空競賽並非在於追求科學發現的極致理想，相反的，它被歸類為爭奪統治權的意識形態鬥爭。若能占據上風，不僅能取得科技占據優勢的大眾形象，還具有軍事上的意義。這是因為人們認為火箭是一種無法阻擋的核武器運載系統。當時美國和蘇聯都懷有載人上太空的野心，但由於尚不清楚是否會對生物造成影響，所以便先送動物上太空。美國人在 1947 年送果蠅上太空，隨後送猴子和黑猩猩上太空。蘇聯人則用白老鼠、老鼠和兔子做實驗，但最常用的太空動物是狗。

蘇聯使用狗，主要是因為容易接受訓練也容易獲取。流浪狗較受青睞而非家犬，因為人們相信，街頭生活已為嚴酷的訓練做好了準備。

候選的狗隻體型必須夠小，才能裝進太空艙裡，皮毛顏色必須較為淺顯、明亮才能顯現在影像中。只有母狗會被選中，因為牠們更冷靜，而且太空服更容易設計，因為牠們不必抬起腿來小便。研究人員收集了幾十隻狗，訓練牠們在逐漸變小的籠子裡生活長達 20 天，吃果凍狀的食物。狗兒們會受到巨大噪音和壓力變化的影響，並在離心機中進行旋轉訓練。送上太空的狗是成對的，這是為了對照經驗。最早兩隻狗叫做得利卡（Dezik）和吉普賽（Tsygan），1951 年，牠們在升高到達 109 公里高度的次軌道太空飛行中倖存下來。

1957 年 10 月 4 日，蘇聯將第一顆人造衛星──史普尼克 1 號（Sputnik，意為「旅伴」）送入地球軌道。蘇聯領導人尼基塔‧赫魯雪夫（Nikita Khrushchev，1894～1971 年）下令，接續將跟進用載有首隻動物的衛星來進入軌道。這件任務必須在一個多月內完成，因為其時恰逢十月革命 40 週年，共產黨在俄羅斯贏得了政權。蘇聯科學家沒有時間設計一個可以返回地球的太空艙，也沒有夠大的空間可以容納兩條狗。因此，史普尼克 2 號是一隻名為萊卡（Laika 的意思是「吠叫者」）米克斯犬的單程旅行。

在萊卡執行任務之前，其中一位科學家帶牠回家和孩子們玩耍，希望能帶給牠最後一次快樂的體驗。科學家在萊卡體內植入了一個儀器，可以監測牠的血壓、呼吸頻率和心跳。隨後，萊卡就搭機前往蘇

聯太空發射設施，位於哈薩克的拜科努爾太空發射場（Baikonur Cosmodrome），並在起飛前 3 天將牠安置在太空艙中。史普尼克 2 號於 1957 年 11 月 3 日發射升空。萊卡被送入太空時，心率增加了 2 倍，呼吸頻率增加了 4 倍，直到 3 個多小時後才回復正常數值。在失重狀況下，萊卡吃了一些食物，此時，史普尼克 2 號和萊卡已進入繞行地球的軌道。但並非一切都按計劃進行，由於熱控制系統沒有正常運行，萊卡太空艙內的溫度升至了攝氏 37 度以上。在萊卡進行第 4 次軌道飛行中，即執行任務 5 ～ 7 個小時後，便死於過熱和恐慌。史普尼克 2 號於 1958 年 4 月 14 日返回地球，並在大氣層中燃燒，這代表萊卡的遺體消失了。蘇聯領導層隱瞞了萊卡的死因，聲稱牠在太空中 6 ～ 7 天後因缺氧而死，直到 2002 年才揭露真相。

在史普尼克 2 號之後，蘇聯人在太空中取得了更大的成功。1960 年，兩隻狗貝卡（Belka）和史特卡（Strelka）在小白鼠、大鼠、兔子和果蠅的陪伴下，於一次軌道飛行後安全返回。直到次年 4 月，尤里・加加林（Yuri Gagarin，1934 ～ 1968 年）成為做同樣事情的第一名人類。當年晚些時候，赫魯雪夫將史特卡所生的一隻小狗普辛卡（Pushinka，意為「絨毛」）送給了美國總統約翰・甘迺迪總統（1917 ～ 1963 年）。這是一種外交姿態的展現，也是對蘇聯太空霸權的微妙提醒，因為當時美國還沒有將人類送入軌道。在甘迺迪於 1963 年被暗殺後，普辛卡

在被送給白宮園丁前，曾與另一隻總統犬——威爾士梗犬查理一起生了4隻小狗。在甘迺迪去世後的幾年裡，美國太空計劃占據了國家主導地位，並在1969年完成了這個雄心勃勃的計劃，在10年內將人類送上了月球。然而，如果沒有萊卡等動物的犧牲，美國和蘇聯的太空成就皆無法達成。

No. 65

1961年1月31日，美國太空總署NASA將「65號」送入地球次軌道進行太空飛行。在這段延續了16分39秒的任務中，65號拉動了一個控制桿，以回應閃爍的燈光，顯示牠能夠在太空中完成任務。65號是一隻3歲的黑猩猩，回到地球後，牠改名為「漢姆」（Ham）。

黑猩猩灰鬍子大衛

直到 1960 年代，人們普遍認為人類是唯一會製造和使用工具的物種。這樣的技能將我們與其他動物區分開來，並幫助我們奠定能夠統治自然界的基礎。但對黑猩猩大衛灰鬍子的觀察，證明這一假設是錯誤的。

第一個使用工具的人種是巧人（意思是「手巧之人」），在 2.4 到 150 萬年前演化。1960 年，英國科學考察隊首次在坦尚尼亞奧杜瓦伊峽谷（Olduvai Gorge）發現了巧人的化石，當地發現了大量早期人類遺跡，證明現代人類是在撒哈拉以南的非洲地區演化而來的。在奧杜瓦伊還出土了許多早期人類用來切割和壓碎動物屍體和植物的石器。奧杜瓦伊的挖掘工作由出生於肯亞的人類學家路易斯・李奇（Louis Leakey，1903 ～ 1972 年）領導。在他探索人類如何演化的過程中，想要更加了解人類最親近的祖先——類人猿的行為。想要了解牠們，必須在野外觀察牠們的生活方式。於是他安排一位名叫珍古德（Jane Goodall，1934 年～）的英國女士來做這件事。

珍古德熱衷於研究動物，但當時她並沒有接受過正式的科學訓練。1957 年，她前往肯亞，到達後聯絡李奇，李奇便聘請她擔任祕書，

隨後提議她去觀察黑猩猩的行為，並支付了一筆探險費用的補助金。李奇一共挑選了野外觀察類人猿的「靈長類女中三傑」，珍古德是其中第一位女性，其他兩位分別是黛安・佛西（Dian Fossey，1932～1985年）和碧露蒂・高蒂卡絲（Birutė Galdikas，1946年～），她們分別研究盧安達的大猩猩和婆羅洲的紅毛猩猩。珍古德的研究則是在坦尚尼亞西部的岡貝溪禁獵區進行，那是一個150平方公里的森林山谷，位於坦噶尼喀湖東岸山脊，棲息著各種野生動物，包括眾多的黑猩猩。珍古德於1960年7月14日與自己的母親、導遊和一名廚師一起抵達目的地。

　　當時，很少有人嘗試在野外研究黑猩猩和其他猿類。珍古德在岡貝的最初幾週展示出了這種方法的危險性。即使她是獨自一人來到野外，每次她進入黑猩猩500公尺範圍內，黑猩猩都會散去。儘管珍古德可以在遠處觀察黑猩猩，但對於能夠真正了解黑猩猩的社會性方面卻進展甚微（更糟糕的是，她還染上一次瘧疾）。3個月後，黑猩猩熟悉了珍古德，她變得能夠比較靠近。珍古德能夠分辨黑猩猩個體，她將其中一隻命名為灰鬍子大衛，因為這隻黑猩猩下巴的毛髮是銀色的。1960年10月30日，她觀察到灰鬍子大衛吃了肉，這是一個重大發現，在此之前，人們都認為黑猩猩是草食動物。後來，珍古德觀察到黑猩猩經常吃肉，牠們會獵殺猴子、野豬和非洲羚羊，甚至自相殘殺。

　　五天後，珍古德得到了一個更重要的發現——黑猩猩可以使用工具。那天，她看到灰鬍子大衛和黑猩猩族群首領歌利亞，正在將草莖戳到白蟻丘裡面。牠們拔出草莖時，莖桿上覆滿了白蟻，然後黑猩猩便把白蟻都吃掉了。稍後，她看見黑猩猩為了吃白蟻，會把樹枝上的葉子摘掉，然後帶著樹枝走去白蟻丘。這種行為不是本能的，而是基於觀察其他黑猩猩的行為而來。這是一個開創性的觀察——人類不再是唯一會製造和使用工具的動物。在其他地方的觀察也發現，黑猩猩會使用其他工具，例如用石頭打破堅果，用樹葉舀水。

　　1961 年 3 月，灰鬍子大衛開始定期出現在珍古德的營地，以附近一棵樹上生長的成熟松子為食。有一天，牠走近帳篷，偷走了一根放在外面的香蕉。珍古德為了鼓勵牠回來，將更多香蕉放在外面。最後

牠終於逐漸適應，可以從珍古德手中接過一根香蕉。如果他們在森林裡看到對方，灰鬍子大衛會和珍古德打招呼，表示熟悉。灰鬍子大衛還將團體中的兩名成員——歌利亞和威廉帶到營地。這讓珍古德觀察到了每隻黑猩猩都有鮮明的個性，灰鬍子大衛冷靜、溫柔、安逸；歌利亞更具侵略性、多變；威廉則傾向於順從、被動。三隻黑猩猩漸漸習慣了珍古德，但其中以灰鬍子大衛最感到自在。

珍古德於 1966 年獲得劍橋大學博士學位（但她沒有學士文憑），幾十年來，她經常會回到岡貝。岡貝的工作使她成為全球名人，並重新定義了人們如何看待黑猩猩。在幫助珍古德了解黑猩猩物種方面，灰鬍子大衛貢獻良多，後來牠於 1968 年死於肺炎。6 年後，這群黑猩猩分裂成兩個族群，並爆發了暴力衝突。這場「戰爭」一直持續到 1978 年，一方殺死了另一方所有 10 名雄性黑猩猩，包括歌利亞在內，取得勝利。儘管黑猩猩反映了人類的聰明才智和同情心，但也揭示了人類暴力和仇恨的陰暗面。

瓶鼻海豚

. . . .

海豚是最聰明的動物之一，具有解決問題、模仿和快速學習的能

力。牠們還具有高度先進的溝通技巧，以及自我意識，能夠表現出同情心，體驗悲傷的情緒。

瓶鼻海豚是高度社交的動物，牠們生活在族群大小從 1 對到 1000 多個不等的海豚群體中，以便在遇到大量獵物時進行捕獵。這些群體的成員組成是動態的，會經常變化。成群的雌性與牠們的幼崽以 5 到 20 隻組成群體生活。雄性與 1 個或 3 個雌性配對，可以持續數十年之久。牠們會與其他群體形成臨時聯盟，以保護或偷偷與對方的雌性進行交配。為了應對高度流動的社會，瓶鼻海豚擁有高度發達的副邊緣系統（大腦處理情緒和行為的部分）。牠們會照顧群體中生病或受傷的成員，例如幫助牠們浮出水面，這樣牠們就可以呼吸。牠們會使用一系列的口哨聲、尖叫聲和咔嗒聲，以及使用肢體語言（例如用尾巴拍打水面）以相互交流。牠們也可能通過拍打下巴或通過氣孔快速呼氣來表現出攻擊性。每隻瓶鼻海豚都有一個獨特的「識別」口哨，即使分離時間長達 20 年，聽到口哨，其他海豚仍能辨識出來。這表明，除了人類之外，在所有動物中，瓶鼻海豚擁有最長時間的記憶。

觀察瓶鼻海豚的捕獵習慣可以發現，牠們具有認知能力和合作能力。牠們整個群體會排列成一條線，然後一起前進，將魚逼到岸邊，在淺沙灘上捕捉魚群，再游回水中。牠們還會將魚群困在沙洲或海堤上。澳洲的瓶鼻海豚在挖沙時會使用海綿保護牠們的嘴，並且希望能

激起生活在海床上的魚。雌海豚往往表現出更具創新性的狩獵習慣，因為牠們必須尋找額外的食物來餵養小海豚。狩獵時，瓶鼻海豚會使用迴聲定位，發出快速的高音咔嗒聲，遇到水下物體時，聲音就會反彈。通過聆聽反彈的聲音，瓶鼻海豚便可以確定是什麼物體，以及所在位置、行進的速度和方向。

　　許多科學家試圖尋找方法與海豚交流。人們訓練海豚能夠對人類的聲音和語言提示等做出反應，一些研究人員分析了海豚的語言，聲稱可能已經足夠先進到類似於人類的語言。其中一位具有這種想法、最相信人類可以與海豚交流的是美國科學家約翰 · 李利（John Lilly，1915～2001年）。在1950和60年代，他開始相信可以教海豚模仿人類語言。作為研究的一部分，李利在美屬維京群島開設了一家研究

中心，研究人與海豚的交流。研究中心安置了 3 隻瓶鼻海豚，並獲得了美國太空總署的資助，當時太空總署有意探索非人類物種與外星生命形態接觸的技術。1965 年，研究中心的一名志願者瑪格麗特・豪・洛瓦特（Margaret Howe Lovatt，1942 年～）與其中一隻海豚彼得一起生活了 6 個月，他們住在一個淹滿水的房間裡，洛瓦特試圖教彼得用氣孔說話。由於研究資金竭盡，第二年研究計畫便結束。與洛瓦特非常親近的彼得，被轉移到邁阿密一個空間和陽光都不足的設施。可悲的是，由於彼得拒絕繼續呼吸，最後沉入水箱底部窒息而死。

一些國家試圖利用海豚的智慧為軍隊服務。自 1960 年代以來，美國海軍一直在訓練瓶鼻海豚（就像訓練海獅一樣）在海上尋找和取回物體，以及辨識接近船隻的游泳者是否潛在敵意。在越南戰爭期間，瓶鼻海豚被部署在船隻周圍巡邏；2003 年，一些瓶鼻海豚被空運到駐紮在伊拉克南部附近的船隻上，以幫助定位波斯灣的水雷。2012 年，美國海軍宣布將用機器人取代動物，但到目前為止尚未實現，因為沒有一個機器人試驗機型能夠比得上動物的表現。此外，俄羅斯和烏克蘭也會將海豚和其他海洋哺乳動物運用於海軍行動。

此類計畫因其剝削性而受到批評，但與海豚和許多其他水生動物在海洋公園的待遇相比，這些計畫顯得微不足道。截至 2019 年，全世界有超過 3000 隻海豚（主要是瓶鼻海豚）被圈養。許多海豚或是單獨

或是成群地被關在水池裡，接受人們訓練，學習表演技巧與服從性，讓遊客可以與牠們一起游泳並撫摸牠們。這種情況會帶給圈養的海豚巨大壓力和健康問題，因為牠們習慣於在深水中長距離游泳，與許多其他海豚互動，以及尋找野生的活獵物。人類對於海豚智力和認知能力等天性，尚未完全了解，但這些好奇心重又複雜的動物所受到的創傷是顯而易見的。

一個水族繼承人？

阿爾邦的貴格四世（Guigues IV of Albon，卒於 1142 年）是中世紀的法國貴族。由於他的盾徽上飾有海豚，他和繼任者被稱為「多菲內」（le Dauphin，法語「海豚」的意思）。1349 年，他的後裔維恩諾瓦的亨伯特二世（Humbert II of Viennois，1312 ～ 1355 年）由於沒有孩子繼承，同時又陷入了嚴重的經濟困境中，於是便將家族的土地，即多菲內（Dauphiné）地區，賣給法國國王。亨伯特二世還規定，所有未來的法國王位繼承人都應冠以「多菲內」的頭銜。這個傳統一直持續到 1830 年，僅在革命和拿破崙時期曾經中斷過。

青蛙

. . . .

　　無尾目動物中，廣為人知的是青蛙。青蛙是兩棲動物，通常生活在水中，但有些則是生活在陸地上，甚至在樹上。青蛙主要吃昆蟲，也有一些吃蠕蟲、囓齒動物、爬行動物或其他青蛙。現存的青蛙種類超過 6000 種，其中大多數皮膚光滑，以跳躍的方式移動。一些盤坐、長疣和跳躍的物種通常被稱為蟾蜍，但這是一種非正式的區別。青蛙有突出的眼睛，沒有脖子，後足有蹼，除了在北美發現的兩個物種外，成蛙幾乎都沒有尾巴。

　　大多數青蛙（和其他兩棲動物）都具有滲透性的皮膚，可以直接吸收氧氣和水。為了防止皮膚變乾，皮膚覆蓋著會分泌粘液的腺體。黏液可覆蓋牠們的身體，防止許多細菌、病毒和真菌的進入。腺體的分泌物除了幫助青蛙保持健康，還使青蛙變得很滑溜，因此掠食者難以捕捉和吃掉牠們。某些種類青蛙的這些分泌物是有毒的，有時甚至是劇毒。生活在中美洲和南美洲熱帶森林中的毒蛙是最致命的。像許多其他青蛙一樣，毒蛙的皮膚顏色鮮豔，可以警告掠食者牠們的毒性，甚至造成掠食者無法分辨。據說這些地區的原住民會在狩獵時將箭尖在這些青蛙的背上摩擦。生活在哥倫比亞的金色箭毒蛙是最致命的。

牠們有著亮黃色的身軀，只有5公分長，但一隻可以殺死10個成年人。牠們的分泌物含有一種叫做箭毒蛙鹼的毒物，如果攝入這種毒物，會與沿著神經和肌肉傳導電流脈衝的蛋白質結合，破壞蛋白質，最終導致癱瘓和心臟病發作而死亡。

自20世紀中葉以來，抗生素挽救了數億人的生命，殺死或防止了多種細菌感染。然而，過度使用抗生素卻會導致一些細菌對抗生素產生耐藥性（例如耐甲氧西林金黃色葡萄球菌，更為人所熟知的名字是MRSA）。這可能會破壞21世紀公共衛生的基礎之一。因此，尋找細菌的新療法至關重要。青蛙可能為未來的研究提供有用的途徑，因為牠們的皮膚具有天然的抗生素特性，能夠在充滿細菌的水中游泳卻不會感染傷口。例如原產於北美西部山麓的黃腿山蛙，牠的皮膚可能有助於對抗MRSA。然而有點矛盾的是，某些最危險的青蛙卻是極具價值的新醫學療法潛在來源。毒蛙的分泌物可用於製造強效止痛藥、肌肉鬆弛劑和麻醉劑。

非洲爪蟾發現於非洲撒哈拉以南的大部分地區，將可能澈底改變醫學技術。2020年全球第一個活體機器人Xenobot（異種機器人）問世，之所以如此命名，是因為非洲爪蛙的拉丁名稱是Xenobots laevis，異種機器人是一種合成生物，尺寸小於1公釐，是由非洲爪蟾胚胎的皮膚和心肌幹細胞所組成。皮膚細胞提供異種機器人支撐和固定，心肌細

胞的搏動則使它能夠移動。異種機器人的形狀是根據一個複雜的電腦程式演算法，透過反覆試驗、不斷試誤的方式來設計。經過電腦程式設計，異種機器人能夠搬運和推動物品，可以進行獨立或團體運作。它們可以自我治癒，每次可以存活數週。人們希望將來可以將異種機器人運用於人體內部輸送藥物，以及清除動脈硬化的斑塊等。更有希望可以運用來清除海洋塑膠微粒或洩漏在海水中的有毒物質。

有一種名為蛙壺菌（Batrachochytrium dendrobatidis，Bd）的真菌，對現存於世界上的青蛙（以及其他兩棲動物）是個重大的威脅。這種真菌是以水生真菌孢子的形式存在，會感染青蛙的皮膚，然後生長、發芽，產生更多的孢子。在這個過程中，青蛙的皮膚會被分解，最終導致心肌梗塞而死亡。由於這種真菌可以「漂浮」一段距離，並且可以在皮膚外存活數週甚至數月，因此特別難以抵抗。此外，由於感染到導致死亡需要幾天的時間，這表示受到感染的兩棲動物有一段時間可以傳播病菌。蛙壺菌於 1998 年首度被發現，但至少自 1970 年代以來，已致使世界各地都有兩棲動物死亡。最近的研究顯示，蛙壺菌可能起源於韓國，因為當地的兩棲動物已對它產生了抵抗力。可能是由於朝鮮戰爭（1950～1953 年）之後，歐美士兵返回家園，在武器和裝備中不知不覺夾帶了受感染的兩棲動物。隨後這些兩棲動物身上的病菌在尚未具有抵抗力的動物族群群中造成了嚴重的傷害。此外，兩

棲動物在全球寵物市場的發展，也擴展了蛙壺菌的傳播。現在蛙壺菌在美洲、歐洲、澳洲和非洲等地，都爆發蛙壺菌等真菌感染。雖然在治療上可以用殺菌劑，但卻不容易施用在野生的兩棲動物身上，這使得蛙壺菌成為了可怕的威脅。蛙壺菌已經導致約有百種兩棲動物的滅絕，其餘的兩棲動物物種則有超過 30% 的數量正在下降。因此，青蛙等兩棲動物可謂正處於大規模滅絕的邊緣，嚴重程度甚至相當於恐龍的滅絕。

美洲鱟

美洲鱟試劑（Limulus Amebocyte Lysate，LAL）可用於測試醫療和設備中的細菌汙染。它唯一已知的天然來源是美洲鱟的血液（美洲鱟不是魚，它與蜱蟎、蜘蛛和蠍子的關係更密切），美洲鱟是一種大約 4.45 億年來都沒有改變的「活化石」。每年都有成千上萬的鱟因為製作試劑而被捕捉、放血，然後再被放回，但在這個過程中，有許多鱟會死亡，因而導致牠們出現滅絕危機。近年來對鱟的保護行動，以及 2003 年開發的人工鱟試劑合成版本，應有助於保護鱟。

桃莉羊

· · · · · · · · · ·

幾千年來，人類一直在選擇性地繁殖動物（和植物）。基因選殖（cloning）代表著人類培育最具有遺傳價值特徵物種樣本的最高峰，並為生態和健康問題提供了強有力的解決方案，但同時也產生了倫理問題。桃莉羊是第一個以成熟的羊體細胞成功複製出的哺乳動物，不僅獲得了基因選殖技術的好處，也蘊藏著危險。

西元前 8000 年左右，繼狗之後，綿羊成為第二個被馴化的動物。羊在美索不達米亞被馴化，是野生摩弗倫羊（mouflon，一種大角羊）的後代。人們飼養羊是為了取得羊奶、肉和皮，其中，羊毛可能是使牠成為如此受歡迎的品種。到青銅時代，人們將羊毛紡成紗線，然後編織成衣物。很少有動物像綿羊一樣能有效地啃食牧場的草，然後變成衣服和肉，所以現在世界上有超過 10 億隻綿羊。

英國愛丁堡附近的羅斯林研究所（The Roslin Institute），於 1993年正式成立，專研動物生物學研究（起源可追溯到 1919 年成立的愛丁堡大學動物遺傳學研究所，2008 年正式隸屬於愛丁堡大學）。其主要研究目標之一是農場動物，希望藉由人為育種改善牲畜的健康和生產力。作為這項任務的一部分，桃莉於羊 1996 年誕生了。桃莉羊這是第

一隻從成年羊隻體細胞中複製出來的哺乳動物，屬於伊恩‧威爾穆特（Ian Wilmut，1944 年～）教授所領導的一個部分計畫，此計畫目標在於協助酪農業培育泌乳動物，乳汁中含有可運用於治療人類疾病的蛋白質。

在桃莉羊誕生前，人們認為，從複雜物種的成年動物體細胞中進行基因選殖是不可能的（雖然人們已對青蛙完成基因選殖的工作）。這是因為，一旦動物體細胞完全分化為特定功能（例如器官、皮膚或肌肉），便會失去能力，不再能夠成為任何其他類型的體細胞。過去，人們認為只有胚胎細胞才能長成任何類型的細胞。事實上，威爾穆特教授的團隊之前並沒有嘗試以成體細胞進行複製，反而一直是用胚胎細胞進行複製，成體細胞僅用作對照組。

　　桃莉羊的生命開始於「6LL3」的編號。牠產生於 6 歲的芬蘭多塞特羊的乳腺中所採集的細胞。人們將乳腺細胞置於低營養培養基中進行飢餓處理，以抑制細胞的生長和分裂，然後將這些細胞放入一顆未受精的「宿主卵」（已去除細胞核），這顆「宿主卵」取自另一種綿羊，蘇格蘭黑臉羊。接著，運用溫和的電流脈衝，將乳腺細胞與宿主卵子融合，並促進細胞重新開始分裂，這個過程稱為體細胞核移植（Somatic cell nuclear transfer，簡稱 SCNT），一共製作了 277 個胚胎，接著再將這些胚胎轉移到 13 隻代孕母羊體內。其中，只有 1 隻成功懷孕，並於 1996 年 7 月 5 日生下桃莉〔以美國鄉村音樂歌手桃莉・巴頓（Dolly Parton）命名〕。桃莉羊於 1997 年 2 月 22 日公諸於世，造成一股媒體風暴，立刻成為家喻戶曉的明星。

　　桃莉羊一直住在羅斯林研究所，後來和一隻公威爾士山綿羊生了 6 隻小羊。桃莉羊患有關節炎，這可能是因為牠在水泥地板的棚子裡待了很長時間（基於安全因素），另外為了讓牠擺姿勢拍照，餵食過多零食而變得體重超重。2003 年 2 月 10 日，人們發現桃莉在咳嗽，4 天後，掃描顯示牠的肺部有腫瘤，決定進行安樂死，以免日後遭受更多痛苦。桃莉羊當時才 6 歲（羊的正常壽命大約是 10 年），牠的遺體捐贈給愛丁堡的蘇格蘭國立博物館，至今仍在展出。

　　自桃莉羊以來，科學家使用 SNCT 體細胞核移植技術，成功複

製其他幾種哺乳動物，包括豬、貓、鹿、馬、狗、狼、老鼠和獼猴。2008 年，加州的科學家宣布，已藉由 SCNT 複製了 5 個人類胚胎，但並沒有將胚胎植入子宮。由於 SCNT 技術不須要從活體標本中採集細胞，這引發了人們期望可以用這方法來恢復滅絕的物種。2003 年，人們以 SCNT 成功複製庇里牛斯山羊，這種野山羊早在 3 年前就滅絕了。不幸的是，庇里牛斯山羊誕生後，經過幾分鐘就死於肺部缺陷。SCNT 似乎不太可能用於復活早已滅絕的物種，因為它須要取得完整的細胞核，而這通常是無法獲得的。

事實證明，用於創造桃莉羊的技術，不但曠日廢時，效率又差。其中一個問題是，複製的胚胎在懷孕期間死亡的可能性很高，或是出生後患有缺陷。如今基因選殖已被基因編輯所取代，基因編輯可以增加有價值的遺傳特徵，並去除不受歡迎的特徵。科學家們利用 2012 年發現的一種 CRISPR-Cas9 DNA 酶，成功實現了這一目標，這種酶可以「切斷」DNA 鏈，這表示可以使 DNA 中的某些基因變得不活躍，同時可以加入新的基因（甚至是來自其他動物的基因）。在動物身上，這種技術已被用於生產更能抵抗牛結核病的奶牛、治療大鼠的肝病、消除小鼠的肌肉萎縮症，未來將可能為人類帶來強大的應用價值。

桃莉羊的出現具有革命性，因為牠證明了成年動物的 DNA 具有生產另一種動物所需的所有材料。日本的一個團隊受到了啟發，開發

出誘導性多功能幹細胞（iPS 細胞），經過基因重新編程，成體細胞能夠變得與胚胎細胞一樣有用（可廣泛用於取代垂死或有缺陷的細胞）。這一發現使人們可以從患者身上採集細胞，製成幹細胞，然後運用來重置細胞的正常功能，從而治療阿茲海默症或帕金森氏症等疾病。但桃莉羊還引發了一場關於複製生物的道德爭論。許多國家對生物複製都有嚴格的指導方針，只允許將其運用於科學研究。從以前到現在，人們都非常關切能如何運用這項技術來創造人類生命，聯合國更於 2005 年發布了一項反對複製人宣言，但卻不具約束力。然而，無論是不是人類，是操縱還是複製，DNA 技術的未來如何發展，桃莉羊在推動科學界限方面都占有重要的一席之地。

蒙特奧西爾羊

1783 年 9 月 19 日，法國孟格菲兄弟首次進行熱氣球飛行，並搭載生物，同行成員有 1 隻鴨子、1 隻公雞，和 1 隻名叫蒙特奧西爾（意為「登天」）的羊。在 8 分鐘的飛行中，所有動物都存活了下來，一共飛行了 450 公尺的高度，證明了人類升空是安全的。

第5章

貿易與工業

蜜蜂

·······

　　數千年來，人類一直在努力控制和改造自然世界，以造福人類自己。然而，以植物來說，無論是野生還是人工種植的，無數物種的繁盛，都要歸功於蜜蜂的辛勤勞作。事實上，在人們所種植的食物中，有超過四分之一是由蜜蜂授粉的。

　　數百萬年前，種子植物首次演化，雄性的花粉散落到空中，偶然吹來的風將花粉吹到雌性身上。這是一個效率低、消耗高的過程。但對植物來說，幸運的是，由於花粉營養豐富，許多不同動物都喜歡吃，尤其是昆蟲。雖然這會消耗掉大部分花粉，但部分花粉會在昆蟲飛來飛去時傳播到其他花朵上。因此，植物便進而演化，變得更能吸引昆蟲，在眾多植物間綻放出五顏六色的花朵，變得更加獨特，脫穎而出。植物還生產了一種富含糖的液體，稱為花蜜，以進一步吸引昆蟲以花粉為食。其中，蜜蜂就是經過演化的動物之一，變得能夠充分利用植物所提供的豐富營養。

　　在亞洲，大約 1.3 億年前，蜜蜂由黃蜂演化而來。蜜蜂完全依賴植物生活，以花粉和蜂蜜（經由花蜜轉化製成）為食。蜜蜂發展出長口器（有些超過 2.5 公分），可吸取植物的花蜜，牠們毛茸茸的身體和

腿，可以附著花粉。這表示當蜜蜂從一朵花飛到另一朵花，便可藉由傳播花粉來幫助植物繁殖。蜜蜂有極佳的視力（能夠分辨顏色），還有兩個能夠偵測氣味的觸角。有些蜜蜂會使用一種舞蹈形式與其他蜜蜂交流，傳遞花朵的地點、大小、距離和質量等訊息。現在世界上的蜜蜂種類超過 2 萬種。

雖然大家都知道，蜜蜂是在蜂巢中行群聚生活，但最初出現的蜜蜂卻是獨居的。現存的蜜蜂物種大多仍以群聚方式生活在蜂巢中，有時會在地底挖洞，建造蜂巢。獨居的蜜蜂不會餵養幼蟲，而是將幼蟲發育所需的所有食物，和幼蟲放在一起密封，然後任由幼蟲自行孵化。群居的蜜蜂（包括蜜蜂和熊蜂）大約起源於 4000 萬年前，生活在工蜂所製作的蜂巢中，蜂巢是由六邊形巢室所組成的雙層構造，由蜂蠟和蜂膠（蜜蜂收集的一種植物樹脂）混合而成，蜜蜂將蜂蜜和花蜜形式的食物儲存在蜂巢的巢室中。

社會性蜜蜂的生活和蜂巢都是高度組織化的，可分成三個群體：工蜂、雄蜂和蜂后。蜜蜂的生活以蜂后為中心，蜂后負責產下繁殖蜂群的卵，還會分泌特殊化學物質，引導蜂群的行為。工蜂是缺乏生殖力的雌性，擔任收集食物的工作，並以花粉和花蜜餵養幼蟲，甚至在乾燥的天氣裡收集水。牠們還負責建造、清潔和保護蜂巢，甚至會拍打翅膀來冷卻蜂巢。工蜂的唾液腺會產生一種叫做蜂王漿的物質，用

來餵食出生三天內的幼蟲。當一隻蜂后死去，工蜂群會專門餵食蜂王漿給一隻幼蟲，以產生新一任蜂后。最後是雄蜂，雄蜂存在的唯一目的是與蜂后交配。在冬季，蜜蜂必須以儲存的蜂蜜和花粉為食，並聚集成一團以保持溫暖，此時雄蜂通常會被趕出蜂巢。

　　自從人類最早的祖先找到蜂巢，發現其中的物質又甜又可食用，便一直延續至今（當然，人們早已觀察到，野外的猴子會以蜂巢中的蜂蜜為食）。最早馴化蜜蜂的是古埃及人。他們會把蜜蜂放在人造蜂箱裡，蜂箱是用陶器和稻草製成的。他們還會用煙燻將蜜蜂趕出蜂巢，以收集裡面的蜂蜜和蜂蠟，至今養蜂人仍使用著這種技術。埃及人吃蜂蜜並將其儲存在密封的罐子中，還會用蜂蜜處理木乃伊的防腐。隨著時間的推移，人們發現了蜂蜜的溫和防腐特性，於是用來治療燒傷和撕裂傷，還將蜂蜜廣泛地運用於烹飪和製作蜂蜜酒等酒精飲料，以

及保存水果。最常見的蜜蜂種類是西方蜜蜂，自然分布在亞洲、非洲和歐洲，可能因為牠們用途很多，可以收集各種不同的植物花粉（有些蜜蜂已演化為只以一種植物為食），所以是最早被人類馴化的蜜蜂之一。19 世紀時，這種蜜蜂也被引進到美洲、澳洲和紐西蘭。在大量生產蔗糖，電燈取代蠟燭之前，蜜蜂為大多數人類提供了甜味和照明的主要來源。

　　人類一直在努力培育新的蜜蜂品種，想要發揮蜜蜂的最大力量。不幸的是，這卻導致一種恐怖的蜜蜂出現了──非洲化蜜蜂（俗稱殺人蜂）。這種蜜蜂是非洲和歐洲亞種的雜交種，原本是為了要製造一種可以適應熱帶氣候的蜜蜂。不幸的是，在 1957 年，人們在巴西不小心放出了這種蜜蜂，當時逃脫的蜜蜂一共有 26 隻。這一小撮蜜蜂竟然生機勃勃，數量大增，漸漸往北散布，在 1980 年代，牠們到達了墨西哥，並於 1990 年穿越美國邊境。與許多社會性蜜蜂相比，這種殺人蜂形成的群體較小，因此即使是狹窄的空間也能築巢。與其他蜂種相比，殺人蜂遇到威脅時，反應會更加激烈主動。眾所周知，如果殺人蜂受到侵擾，會飛近 1 公里追人，並導致超過 1000 人死亡。

　　蜜蜂對人類依然至關重要。沒有蜜蜂，許多植物品種的繁殖效率就會降低。再者，蜜蜂自然授粉的糧食作物，品質一般也較好。儘管蜜蜂很重要，但世界各地的蜜蜂仍受到棲息地喪失、殺蟲劑和氣候變

化等威脅。除非這些情況得到扭轉，否則蜜蜂的減少將對農業經濟和
環境造成嚴重後果。

奶牛

. . . .

　　奶牛自從 1 萬多年前被馴化以來，一直是最有價值的動物之一，
主要是因為牠們能提供肉和奶。此外，奶牛還有許多其他用途，像是
皮可以用來製造皮革，骨頭和蹄子可以用來製造明膠（磨碎還可製造
肥料）。牛脂肪經過提煉後稱為牛油，可用來生產一系列產品，包括
肥皂、蠟燭和炸藥。牛糞則是一種很有用的肥料成分，乾燥後可用作
燃料。奶牛也可以用作役畜，在機械化之前，牠們在耕地、牽引甚至
推動機械方面都發揮了重要作用。因此，擁有奶牛一直是許多社會中
地位和財富的最重要指標。此外，許多宗教都崇敬牛，特別是印度教，
認為牠們是神聖仁慈的象徵，所以許多印度教統治者都禁止殺牛，如
今在印度的許多邦之中，屠宰牛隻仍然是非法的。

　　原牛是一種曾經生活在歐亞大陸和北非的野牛，體型比現代奶牛
大一點，性情兇猛，移動速度快，牛角可能會造成嚴重的傷害。儘管
如此，原牛仍可作為役畜，並提供肉類和牛奶，這表示著牠們已被人

類馴化。馴化的過程分別發生在兩個地方，一個是近東地區，亦即家牛的發源地，家牛也是現在數量最多的牛亞種；另一個地方則是印度半島，亦即瘤牛的故鄉。瘤牛的肩部有明顯的脂肪瘤，這種牛在南亞和非洲最常見。奶牛能夠適應廣泛的氣候和棲息地，因此成為最常見的農場動物之一。奶牛的飼養之所以會在全球取得成功，一部分原因是，即使一塊地不能用於農耕，仍可用來飼養奶牛，生產食物。奶牛可以只吃草，因為牠們會通過數次的咀嚼、反芻和再咀嚼，以消化植物堅硬的纖維，這些纖維會被牠們四個胃中的細菌和其他微生物分解。但在馴養牛的期間，野牛的數量卻在逐漸下降，已知最後一頭野牛於1627 年在波蘭死亡。

現在世界上有超過 14 億頭奶牛，由於過去 60 年全球對牛肉和牛奶的需求增加，牛隻的數量仍在上升中。這與全球人類不斷提高的生活水準有關，這表示，數以百萬計過去負擔不起定期吃肉的人，如今已負擔得起了。為了滿足這一需求，畜牧業變得越來越集約化，有數百萬公頃的土地都已轉為牧場。

就土地的利用而言，與種植植物相比，在牧場上飼養牲畜的效率較低。以一年來說，用於放牧奶牛的 1 萬平方公尺土地，生產量只能養活一個人，而使用相同面積的土地種植馬鈴薯，則可養活 22 個人。而且在建立牧場的過程中，牧民經常會破壞森林。這在亞馬遜地區尤

為明顯，當地的牧場主每年都會砍伐並燒毀數千平方公里的熱帶雨林。如果對森林的砍伐持續有增無減，將會對環境造成越來越多的災難性影響。這是因為亞馬遜的樹木會吸收碳，從而減緩氣候變遷，而且能通過光合作用產生世界上五分之一的氧氣。奶牛也在以另一種方式促成氣候變遷。作為牠們消化的副產品，會產生大量的甲烷（其中95%來自打嗝），這是一種有害的溫室氣體，會造成約20%的全球暖化。想要解決這個問題，或許可通過選擇性地培育奶牛，減少消化道中產生甲烷的微生物。

疫苗接種

天花曾經是全球性的災難，導致超過三分之一的感染者死亡。1796年，英國醫師愛德華・詹納（Edward Jenner，1749～1823年）發現擠奶女工會從奶牛身上感染牛痘，這是一種類似天花但症狀較輕的疾病，得過牛痘的女工似乎對天花具有免疫力。然後，他便從女工的牛痘瘡取出部分材料，進行天花疫苗的接種。1980年，因為「疫苗接種」（Vaccination，拉丁文的奶牛），全球消滅了天花，而這個概念則被用於開發針對其他疾病的免疫接種。

養牛戶的利潤空間微薄，因而促使他們盡可能想要提高畜群的生產力。選擇性育種創造了可生產更多牛奶的奶牛。在為獲取肉類而飼養的奶牛中，育種主要目的是盡快讓牛隻達到屠宰體重。通過飲食，也可以實現這一目的。在許多地區，尤其是在美國，人們通常不是在牧場上放牧奶牛吃草，而是餵食奶牛玉米（有時是穀物和大豆）。由於玉米的澱粉和糖分比草多，這使牛隻可以更快地增加體重，同時人們也普遍會給牛隻服用生長激素。由於奶牛被餵食的是天生不適合牠們的飲食，通常會導致健康問題，因此必須定時給予牠們抗生素以對抗任何可能的感染。總之，這些技術代表著奶牛僅需要 15 個月便可養大，等待屠宰，以更便宜的價格出售給消費者。

養牛業為了盡可能追求高效，卻付出了意想不到的代價。1980 年代，英國爆發牛海綿狀腦病（BSE），即俗稱的「狂牛病」。之所以會導致這種致命的神經退化性疾病，是因為餵食了牛隻受到感染的蛋白質補充劑，而這些蛋白質補充劑是用其他動物的屍體和內臟製成的。如果人類食用感染狂牛病的牛肉，可能會導致一種變異的庫賈氏病（Creutzfeldt-Jakob disease，縮寫為 CJD），這種疾病會導致腦細胞受損，並在一年左右導致死亡。這一事件顯示，我們須謹慎看待養牛業的新技術，一味提高效率和降低成本，反而可能要公共衛生和環境付出代價。

蠶

. . . .

黃帝是一位中國的神話人物，統治期據說是在西元前 27 世紀。在他長達 1 個世紀的統治中，做出了許多成就，包括開始使用船、弓箭和文字。他的妻子嫘祖則擔負了中國文化中的另一大特色——養蠶製絲。相傳，嫘祖在喝茶的時候，一隻蠶繭掉進了她的杯子裡。她在繭裡面拉出絲線，便用織布機編織。編出的織布強韌又光滑，令嫘祖驚訝不已，於是下令種植桑樹以供養蠶，並教婦女如何製作絲綢。

蠶原產於中國，呈毛蟲狀，屬於飛蛾和蝴蝶一類的幼蟲。如今蠶已被完全馴化，沒有野生蠶。蠶從卵發育而來，經過 7 到 14 天的孵化後，就會成為 1 公釐長的蟻蠶。蠶以桑葉為食，在大約 30 天內長到 5 公克重、8 到 9 公分長。為了準備變成飛蛾，蠶會將自己包裹在一個由連續細絲織成的繭中，這條細絲是由牠們下顎下方的兩個腺體所產生。在繭裡經過 3 天，就變成了一隻蠶蛾。

西元前 3000 年中葉，中國首次養蠶來製造絲綢。在此之後的幾個世紀裡，印度開始使用類似的工藝製造絲綢，但使用的是不同種類的蛾。生產生絲是一個勞力的過程。蠶須要生活在維持攝氏 24 到 29 度的恆溫環境中。這代表若蠶所在的房間溫度較低，必須不斷地燒炭火

來保持溫暖。孵化成蟻蠶後，便與桑葉一起放在托盤上。化繭後，絕不能讓蠶蛾破繭而出，因為這會破壞細絲。取而代之的是，人們將繭放在熱的乾燥爐子中蒸熟，以殺死蠶蛹。然後，絲綢工人辛勞工作，將細絲展開，拉線軸上，再將股線紡成織線，以編織成紡織品。絲綢柔軟，容易染色，強韌但重量輕，產量很少。製作 1 公斤的絲線需要 5 萬個繭，因此，絲綢一直是奢侈品。雖然成本很高，但絲綢還是很受歡迎，由於人們對絲綢的需求，推動建立了一條貿易網路，將歐洲和亞洲連結在一起。

漢朝於西元前 202 年到西元 220 年統一中國。大約在西元前 130 年，漢武帝（西元前 157～87 年）決定開放中國與西方進行貿易，因而建立了「絲綢之路」。這是一條從中國西北部西安開始，穿過中亞，一直延伸到地中海沿岸的貿易網路。它還延伸到阿拉伯、波斯、印度半島和東南亞的部分。除絲綢外，茶葉、染料、瓷器、香料、醫藥、紙張、火藥、玉器等商品也被送往西方，而馬、葡萄、毛料、皮料、蜂蜜、貴金屬和琥珀則被送往東方。思想亦沿著絲綢之路傳播，尤其在佛教和基督教的傳播方面發揮了重要作用，但這條絲路上也攜帶了疾病，這可能是瘟疫傳進歐洲的原因。

絲綢在羅馬貴族階級中變得極為流行，因而引發道德家的譴責，認為絲綢是頹廢和不道德的象徵。西元 1 世紀時甚至有一道皇家法令

禁止男性穿戴絲綢。長期而言，這並沒有削減絲綢受歡迎的程度。對於歐洲人來說，絲綢的主要問題是其令人瞠目結舌的價格。中國政府通過仔細搜查貿易商隊中是否藏有蠶隻，來確保生產絲綢的方法不會向西方外流（然而，絲綢的製造技術卻在其他亞洲國家大放異彩，例如西元前 1 世紀的韓國，西元 3 世紀的日本）。這種情況在西元 6 世紀時發生了變化，當時有兩名和尚將蠶帶到君士坦丁堡，他們設法將蠶放到空心竹杖中偷運出去。從君士坦丁堡開始，絲綢製造最終傳播到歐洲許多地方，到中世紀時期，法國和義大利成為歐洲的兩個主要絲綢生產中心。這種情況一直持續到 19 世紀，當時由於蠶的流行病，以及自 1869 年蘇伊士運河開通以來變得更便宜的中國和日本進口絲綢，歐洲的絲綢業因而衰退。

在中世紀的大部分時間裡，絲路沿線的貿易一直都非常重要。然而，到了 14 世紀中葉以後，蒙古帝國崩潰，導致其所橫跨地區的政治分裂，擾亂了絲綢之路沿線的交通，因為不再有強大的中央權力來維持秩序。鄂圖曼帝國和波斯之間的戰爭對絲路也極具破壞性。到了 15 世紀中葉，絲路雖然在某些地方仍然存在，但已不再是曾經橫貫大陸的網路。歐洲國家開始尋找通往東方的海上航線，這使他們能夠直接與亞洲進行貿易，且有助於在新世界奠定歐洲殖民主義和帝國主義的基礎，開創全球化的新時代。

帝王紫

骨螺是一種掠食性海蝸牛族動物，牠們會分泌黃色的液體，這種液體經過陽光曝曬，會變成一種紫色染料。西元前 1200 年，腓尼基人在地中海進行貿易時，順道將這種紫色推廣了出去，他們稱這種染料為泰爾紫（Tyrian purple），因為它的主要生產中心是在現今黎巴嫩的泰爾。這種染料可染出一種鮮豔的紫色，不容易褪色，但製作起來困難又費時，因此是一種極其昂貴的奢侈品，只有富有的貴族菁英才能負擔得起。在羅馬，這種紫色代表著權力和地位。

單峰駱駝

在車輛運輸出現之前，駱駝是乾旱地區長途貿易的骨幹，因為其他大多數動物都無法在那樣的環境中生存，更不用說搬運貨物了。與雙峰駱駝不同的是，單峰駱駝只有一個用於儲存脂肪的駝峰，有助於單峰駱駝在不喝水的情況下存活長達一週。如果駱駝能夠獲得水分，

可以在 10 分鐘內喝下超過 100 公升的水，從而迅速補充水分。單峰駱駝還有許多其他特徵可以幫助牠們在沙漠中工作，例如牠們可以靠很少的食物生存，並且會覓食其他動物無法覓食的植物（例如荊棘）。牠們還有三層眼皮和兩排長長的睫毛，可以保護眼睛免受沙子的傷害；胸部和膝蓋上有角質墊，可以在躺下時保護身體免於過熱。單峰駱駝的耐力、強壯和大體而言溫和的脾氣，使牠們成為有力的馱畜，可以很有餘裕地攜帶 100 公斤的負載。駱駝也是役畜或坐騎，並提供牛奶和肉類。單峰駱駝可以每小時 65 公里的速度短距離衝刺，因此在某些地方，賽駱駝成為一項很受歡迎的運動。

西元前 3000 年至 2000 年，單峰駱駝在阿拉伯被馴化（因此又稱

為阿拉伯駱駝）。西元前9世紀，單峰駱駝首次傳入埃及，並在西元4世紀時廣為運用在北非。使用單峰駱駝最顯著的影響就是連接了北非和西非。在這兩個地區之間旅行須要穿越撒哈拉沙漠，所以既危險又耗時。而人們之所以會願意承擔穿越撒哈拉沙漠的風險和費用，就在於歐洲發現西非藏有豐富的金礦。從4世紀開始，貿易商隊開始穿越撒哈拉沙漠，長達1000公里的旅程須耗時3個月。撒哈拉沙漠由北非的柏柏人（Berber）統治，其中有許多人是游牧民族。他們對該地區有豐富的知識，知道沙漠中綠洲和水井的位置。除了黃金，前往西非的商人還尋求購買奴隸、象牙和鴕鳥毛等。至於帶到西非的主要進口品則是當地供不應求的鹽，以及馬匹、香水和香辛料。

在西元7、8世紀，倭馬亞哈里發（Umayyad Caliphate）征服了北非，結果使得伊斯蘭教成為當地的主要宗教。在入侵期間，阿拉伯人利用單峰駱駝進行偵察，也載運騎兵和弓箭手。在隨後的幾個世紀裡，許多阿拉伯人移居北非，使阿拉伯語成為當地的主要語言。跨撒哈拉貿易和單峰駱駝，是伊斯蘭教傳播得更遠的主因。大部分皈依伊斯蘭教的柏柏人將這種宗教引進了西非的許多城市，追隨者包括馬利帝國（Mali Empire）的統治者。馬利帝國在13世紀初已成為西非的主導力量，統治著120萬平方公里的領土，其中最成功的統治者是穆薩一世（Musa I 約1208～約1337年），他掌控了黃金貿易，成為有史以來

雙峰駱駝

雙峰駱駝是現存最大的駱駝物種，原產於中亞草原，早在西元前 4000 年就在當地被馴化。與單峰駱駝不同，雙峰駱駝有兩個駝峰，冬季會長出蓬鬆的毛皮，能耐受住非常寒冷的天氣。雙峰駱駝是絲路上用於運送貨物的主要馱畜之一，每天可以攜帶 200 公斤的貨物，行走 50 公里。野生的雙峰駱駝與馴養的雙峰駱駝雖有親緣關係，但兩者是獨立的物種，主要在中國北部和蒙古南部行群聚生活。

最富有的人之一。他在 1324 年前往麥加朝聖，由於在開羅大肆豪奢消費，甚至使得黃金的價值下跌了 20%。隨著許多學者、建築師和工匠前往西非，跨撒哈拉貿易也創造了文化的交流。結果，柏柏人在 1100 年所建立的廷布克圖市（Timbuktu）貿易站，成為世界上最偉大的伊斯蘭學術中心之一。

自 15 世紀後期起，跨撒哈拉貿易的重要性開始下降。這是因為葡萄牙、西班牙和英國等歐洲國家建立了海上航線，經大西洋直接通往西非，因此貨物穿越撒哈拉沙漠的需求減少了，但單峰駱駝對當地貿

易仍然很重要，尤其是在偏遠地區。

　　單峰駱駝不僅限於北非和阿拉伯，牠們對中東、印度半島以及近期的澳洲來說也非常重要。殖民澳洲的歐洲定居者，大多聚集在海岸線附近，不願意進入廣闊、乾燥的內陸。為了尋找某種能在乾燥內陸中運送貨物的方式，自 1870 年起，人們開始將單峰駱駝引進澳洲。在接下來的 50 年裡，大約引進了 2 萬隻，其中大部分來自阿拉伯和印度半島，隨之還加入了 2000 名搬運工人。在單峰駱駝的貢獻下，整個澳洲連結在一起，實現了長途貿易。到 1930 年代，汽車興起，使駱駝變得過時，因此有成千上萬隻駱駝被放生到內陸。牠們在那裡繁衍生息，到 21 世紀初，約有 100 萬隻野生單峰駱駝分布在 330 萬平方公里的區域內。人們並不總是很歡迎駱駝的出現，因為牠們會奪去稀疏的牧草，破壞圍欄及水管。因此，澳洲政府採取了大規模撲殺政策，導致野生單峰駱駝的數量降至 30 萬隻。單峰駱駝告訴我們，即使在最嚴厲的環境下，牠們也能輕鬆生存，除非人類出手干擾，才能減少牠們的數量。

鯡魚

·······

　　除了在漁業界，一般人鮮少聽過動力滑車這種發明機具，但這種

機具卻對環境和經濟具有重大的影響。美國發明家馬里歐．普雷特（Mario Puratić，1904 ～ 1993 年）出生於克羅埃西亞，他於 1953 年取得了動力滑車的專利，這是一種裝置在漁船上的機械化絞盤，用於將漁網拖出水面。從前，拖漁網的工作費力又費時，很容易受到惡劣的天氣所干擾。動力滑車澈底改變了捕魚的方式，拖網變得更快、更容易，即使在惡劣氣候下也能進行。結合其他創新，例如聲納和合成纖維漁網，商業漁船便能進入更深的水域，獲得比以往更多的漁獲量，例如捕獲更多的鯡魚。鯡魚是一種硬骨的油性魚類，因其顏色和可能帶來的財富而被稱為「海洋之銀」。

鯡魚是世界上數量最多的魚類之一，常見於北太平洋和北大西洋。牠們成群結隊地移動，橫越數公里，主要是在海岸線和暗沙區（海水相對較淺的區域）。鯡魚以各種統稱為浮游生物的小型海洋生物和動物為食。相反的，鯡魚也被各種掠食者獵殺，包括鱈魚、鮪魚、鮭魚、鯊魚、鯨魚、海豹和海鳥。

鯡魚是洄游性的，會用 1 年的時間從公海移動到沿海區的產卵地，然後再回到公海。鯡魚卵的直徑約為 1 公釐。雌魚會將卵產在海床上，一次約產出 3 萬顆。鯡魚卵大約在 10 ～ 14 天內孵化，但在孵化前，有許多卵會被吃掉或被海水沖上岸。鯡魚有幾個不同的群體或「種群」，每一個都有自己的遷徙模式和產卵時間、地點。由於原因尚未

完全查明，因此每年鯡魚的移動往往是不可預測的。這表示有時一個鯡魚種群可能今年會在慣常出沒的海域消失，或者捕獲量非常低，然後明年又像往常一樣重新出現。

在中世紀和現代早期，由於天主教會要求在四旬期和其他齋戒日禁食家禽家畜的肉類，因此魚的消費量很高。在北歐，鯡魚是最受歡迎的魚類之一。人們通常會用鹽醃來保存鯡魚，其他還有煙燻、醋醃、乾燥、風乾和發酵的方式。鯡魚貿易在波羅的海特別有利可圖。1241年，來自現今德國北部沿海城市呂北克（Lübeck）的商人，與開採鹽礦的漢堡結盟，形成了漢薩同盟（Hanseatic League），經過發展，這個貿易組織涵蓋了北歐約 200 個鄉鎮和城市。到了 14 世紀，漢薩同盟主宰了波羅的海經濟，交易不僅限於醃鯡魚，還包括金屬、穀物、木材、紡織品和毛皮。然而，從 15 世紀後期開始，由於面對來自其他國家的競爭，漢薩同盟的力量開始減弱，並在 1669 年之後停止實體活動。在波羅的海崛起的勢力中有荷蘭人，他們於 1415 年推出了鯡魚橫帆船（herring buss），這是一種專門用於捕撈鯡魚的拖網帆船。網拉上來後，便立即將捕獲的鯡魚用鹽醃製並桶裝。從本質上來講，這種船可謂是今日漁業加工船的前身。

在 19 世紀後期，英國率先使用蒸汽動力拖網漁船。這種船可以行駛得更快，距離也更遠，同時不太容易受到惡劣天氣條件的影響。這

種船還可以攜帶更大的網，承載更多的魚。那時，煙燻醃鯡魚是一種很受歡迎的產品，在國際間行銷。由於需求增加，加上拖網捕撈技術的提升，到了 20 世紀中葉，柴油拖網漁船變得普及，造成鯡魚捕獲量下降，有些魚群數量甚至崩跌。這對挪威和冰島這樣的國家尤其造成很大的傷害，因為這些國家的經濟傳統上高度依賴漁業。自那時起，人們開始進行保護行動，並實施配額制度，才使得鯡魚數量有所回升。

　　雖然如今鯡魚的捕撈大致來說可維持在一定的程度，但其他物種卻不見得都能如此。二戰後，世界各國政府為確保其糧食供應，開始提供漁業的補貼。結果，在接下來的 40 年裡，世界年捕撈漁獲量翻了 2 倍，1989 年更達到 9000 萬噸的高峰。這種快速擴張也導致了兼捕（bycatch）問題，其中鯊魚、鯨魚、海豚和海龜等動物在無意間也被漁網捕獲致死。特別是鱈魚、鱸魚和鮪魚等銷量好的魚類，數量都在迅速下降，導致海洋生態系統失衡。甚至有人擔心，若持續以這樣的速度捕撈，將導致全球漁業在 2048 年時全面崩潰。有鑑於此，許多國家開始設置限捕令以保護其漁業，但非法偷獵和違反捕撈配額的問題依舊存在。想要在 21 世紀及日後保持漁業的永續性，我們必須付出更大的努力。

鱈魚戰爭

冰島和英國曾就捕魚權展開過三場武裝對峙，稱為「鱈魚戰爭」。這些戰事分別發生在 1958 ～ 1961 年、1972 ～ 1973 年和 1975 ～ 1976 年，原因是冰島為了確保漁業資源，逐漸擴大其國家水域，但英國拖網漁船仍持續在冰島水域作業。於是英國派出皇家海軍去保護這些漁船免受冰島巡邏艦的傷害，雙方之間發生了撞擊、斷網和射擊船頭等事件，但對峙行動並未升級。鱈魚戰爭結束時，冰島威脅要離開北約，而這將會造成嚴重的地緣政治影響。因此，英國最後接受了冰島將其領海延伸至距離冰島海岸 370 公里的範圍。

河狸

. . . .

除了人類，最能改變環境以符合個體需求的動物就是河狸。這種大型半水生囓齒動物有兩種現存物種，北美河狸和歐亞河狸。河狸的主食是樹木的形成層，即樹皮下濕潤的植物組織層，此外也吃芽、葉

和樹枝。這兩種河狸都生活在溪流、河流、沼澤、池塘以及湖岸線中。牠們會在水中堆積原木、樹枝和泥土來建造自己的家園，即所謂的「狸巢」。狸巢的結構是一個圓頂狀，其中有兩個大約 4 公尺高的水下入口，通道長達 12 公尺。狸巢內部可容納一對河狸伴侶和孩子，還有冬季食物的儲藏室。為了防範掠食者，河狸會在狸巢周圍建造水壩，使周圍的水變得更深。已知最大的狸巢水壩例子是在加拿大亞伯達省（Alberta），長度竟有 800 公尺。河狸甚至會挖掘「運河」，使啃斷的樹木順勢漂流到狸巢和水壩處。

河狸的生活方式非常依賴於啃木頭的能力，牠們的門牙呈鑿子狀，外層含有鐵質。河狸可以在水下待 15 分鐘，經演化，已成為優秀的泳者。河狸會用尾巴作為舵，後腳有蹼，眼睛上有保護眼睛的膜，緊貼鼻孔和耳朵的皮膚褶皺。河狸的皮毛厚實、光滑、防水，是人類覬覦的目標。河狸的毛皮貿易是塑造北美歷史的一個因子，因為它曾促使歐洲列強進一步向北美地區擴張，同時也促成了帝國間的競爭。

在 15 世紀和 16 世紀，西歐的河狸毛皮主要來源於俄羅斯和斯堪地納維亞半島北部（河狸的生存範圍從英國延伸到中亞，包括歐亞大陸的大部分地區，但在其中許多地區都因為過度捕獵，造成河狸數量大為減少）。河狸的皮毛非常緻密，因此可以製成非常優質的毛氈，以作成帽子。雖然價格昂貴，但河狸帽卻受到了高度評價，因為河狸

帽有防水性並且不容易變形。還有人聲稱，河狸毛皮中的油脂可以提高穿戴者的記憶力，還能增強智力。河狸還提供了另一種有價值的商品——河狸香，這是牠們分泌的一種粘稠液體物質，主用來標記領地。人們認為河狸香是一種貴重的成分，用於香水和藥物，甚至當作食品調味劑。由於消費者的需求，歐亞河狸的數量大為減少，並於 17 世紀初滅絕。然而，河狸皮還有另一個供應源——北美洲。

在歐洲人到來之前，北美大約有 2 億隻河狸，往南分布到墨西哥，但大多數集中在現今加拿大副北極區、阿拉斯加和五大湖區。歐洲商人貪圖豐富的河狸資源，因此派出捕獸人，並僱用原住民嚮導。他們還建立了貿易站做為根據地，向美洲和加拿大原住民（第一民族）購買河狸毛皮、交換槍支和紡織品等商品。原住民爭取與歐洲人進行貿易的優先機會，引發了「河狸戰爭」，這一系列衝突從 17 世紀初持續

到 1701 年間，發生在易洛魁族（Iroquois，一支普遍受到荷蘭人和英國人支持的原住民部落聯盟）與法國的盟友阿爾岡京族（Algonquin）之間。由於有了北美供應河狸皮，主要集中在英國、法國和俄羅斯的歐洲河狸帽製造產業於是蓬勃發展。但大量的河狸皮導致價格下跌，許多帽子因而被轉出口，重新回到大西洋彼岸。

18 世紀初，主要殖民北美的兩個大國是英國和法國，兩國殖民者之間經常會發生衝突，通常是為了爭奪狩獵場，1754 年，終於爆發了公開戰爭。這場戰爭後來被歸於七年戰爭的前奏曲，可謂是第一次的全球衝突，從 1756 年一直持續到 1763 年。最後英國在北美擊敗了法國，迫使法國人放棄了當地的殖民地（除了紐芬蘭海岸附近的兩個小島）。這讓英國商人變得能夠主導河狸貿易。對於北美河狸來說，幸運的是，從 19 世紀中期開始，絲綢取代了毛氈，成為製作帽子的最時尚材料，這可能就是拯救北美河狸免於滅絕的原因。

阿根廷河狸

1946年，阿根廷政府將河狸引進最南端的火地島地區。阿根廷政府希望河狸的毛皮能成為一種有價值的商品，但後來全球對動物毛皮的需求下降，所以他們從未實現這個期望。由於河狸在當地缺乏天敵，牠們大量繁殖。河狸的活動改變了河流的流向，破壞了當地的樹木和草地，還咬斷電纜，擾亂能源供應和通訊。現在共有7萬到11萬隻的河狸分布在阿根廷7萬平方公里的面積上，並且已散布到了鄰國智利。

雖然對於河狸的毛皮不再具有高需求量，但由於棲息地的喪失，加上人們數十年的獵捕，北美河狸到1900年可能只剩下10萬隻。從那時起，人們開始進行保育活動，使河狸的數量增加到約1000萬隻。由於歐亞河狸種群的健康狀況較差，在20世紀初，只剩下1200隻，但到了現在，牠們的數量也已逐漸增加到60多萬隻，甚至還成功地重新將河狸引進蒙古、英國和瑞典等地區。健康的河狸種群對環境有很重要的影響，因為牠們的水壩有助於擴大濕地，為水禽和魚類創造棲息地，還有助於過濾水中的汙染和沉積物，減少河水侵蝕，而且可以

充當防火帶，幫助降低森林火災的嚴重性。雖然河狸一度是以毛皮為貴，但河狸的真正價值卻在於維持健康的生態體系。

美洲野牛

. . . .

2016 年 5 月 9 日，美洲野牛正式獲得美國國家哺乳動物的頭銜。在 5 個多世紀以前，北美大陸內陸有 3000 到 6000 萬頭游牧的野牛。牠們密集地生活在美國的中部大平原上，大平原是現今加拿大和美國密西西比河和洛磯山脈之間的一片平坦土地。

美洲野牛是從現已滅絕的西伯利亞野牛演化而來的，起源於南亞，在 30 萬至 13 萬年前通過白令陸橋遷徙到美洲。美洲野牛肩高 2 公尺，體重 900 公斤，還有一種西伯利亞野牛體型更大，牛角更長，背上有兩塊隆肉，比美洲野牛多一塊。

在 40000 到 15000 年前，人類通過白令陸橋遷徙到美洲，來到美洲大陸定居。其中一些是美國和加拿大原住民的祖先，分別統稱為美洲原住民和第一民族。野牛是生活在大平原上人們生活方式的核心。野牛為人們提供肉，而獸皮則用來製作鞋子、長袍和帳篷的覆蓋物。野牛的牙齒、肌腱和角可以用來製造工具、武器和珠寶，而野牛粗糙、

多毛的舌頭則被用來做成了梳子。

　　歐洲人來到北美後，極大地破壞了當地生態系統以及原住民的生活方式。北美人口因新的疾病和暴力而大量減少，土地也遭受殖民。1783 年，美國從英國獨立戰爭中取得勝利，因而穩步向西部擴張，這使歐洲人與野牛有了更密切的接觸，人們通常稱野牛為「水牛」，因為野牛與生活在撒哈拉以南非洲和東南亞的另一群牛科動物相似。從18 世紀後期開始，野牛的數量開始下降。到 19 世紀初，密西西比河以東的野牛消失，到 1840 年，洛磯山脈以西的野牛也消失，只剩下大平原上僅存的野牛群。美洲野牛不再野放，取而代之的是，人們在牠們原來的棲息地上建立了農場與飼牛場。此外，野牛會從牲畜身上感染疾病，最嚴重的是布魯氏菌病和牛結核病。

　　關於美洲野牛數量下降，主要的原因是人類捕獵。由於野牛的皮革可以用於製作外套和毯子，因而受到追捧。歐洲獵人對野牛身體其他部位唯一感興趣的就是牠們的背部隆肉和舌頭，他們會吃掉這些部分，剩下的屍體則任由其腐爛。到 19 世紀中期，受到野牛利潤所吸引，手持槍支的獵人蜂擁到美洲大平原。加上當時美洲原住民在東海岸的祖傳土地被殖民者剝奪，並被強行重新安置在大平原上，因此與大平原當地原住民產生了緊張關係，在獲取資源上變得更加艱難。

　　1851 年 9 月 17 日，美國政府與幾位美洲原住民部落的代表簽署

了《拉勒米堡條約》（*The Fort Laramie Treaty*）。該協議以及其他數十項類似協議，為美洲原住民保留了土地。但這些條約日後卻在很大程度上都被背棄。歐洲人定居在美洲原住民的土地上，一旦發現貴金屬礦床，就會進行開採。鐵路的到來也帶來了變革，它任意地穿過美洲原住民的土地，將美國東海岸和西海岸連在一起。1869 年北美第一條橫貫大陸的鐵路建設完成，稱為聯合太平洋鐵路（Union Pacific Railroad），更具有象徵意義。當初為了養活修建這條鐵路的工人，獵殺了成千上萬的野牛。

在 1860 年代，美洲大平原原住民與殖民者之間的緊張局勢加劇，導致了暴力衝突。作為回應，美國政府採取了一項政策，迫使美洲原住民遷入保留區——所有拒絕的部落都會被視為「有敵意」並且將面臨戰爭。美洲原住民與政府軍之間的衝突，一直持續到 20 世紀初，並最終導致原住民被迫搬遷到保留區定居。削弱美洲原住民抵抗的主要方法之一，就是對野牛下手。大批民眾都對殺死野牛躍躍欲試，除了具商業性質的獵人，上流社會人士也會前往大平原，乘坐舒適的火車射擊野牛以作為「運動」。儘管這是非法的，但美國軍隊對進入保留區獵殺野牛的人視而不見。一些州通過了地方法律來保護野牛，但人們大多忽視不理。1874 年，美國國會通過了一項限制野牛狩獵的法案後，尤利西斯 · 格蘭特總統（Ulysses S. Grant ，1822 ～ 1885 年）卻

拒絕簽署其成為法律。北美第一個保護野牛的國家立法是 1877 年在加拿大通過的，但次年即被廢除。

1889 年，北美只剩下不到 1000 頭野牛。這引發了一項遲來的保育工作，人們為野牛永久保留了自然保護區，並製定法律，保護牠們免受獵人和盜獵者的侵害。此外，還將牧場飼養的野牛群釋放到野外。現在美國有 2 萬頭野牛，加拿大則有 1 萬頭。這些數字雖足以確保野牛族群擁有長遠的未來，但只占其歷史總數的一小部分。

歐洲野牛

西伯利亞野牛除了進入北美，還向西遷移，並與原牛雜交。這讓歐洲野牛發生了演化，體型變得比美洲野牛更大、腿更長。歐洲野牛曾經生活在整片歐洲大陸的林地中，但到了 1920 年代，野外的歐洲野牛全部被獵殺而滅絕。人們用存活在動物園中的歐洲野牛，重新培養出一批新的歐洲野牛，第一批被野放到波蘭東北部的比亞沃維耶扎原始森林（Białowieza Forest）。現在大約已有 6000 頭野生的歐洲野牛生活在波蘭、白俄羅斯、立陶宛、俄羅斯和烏克蘭。

藍鯨

....

　　1864年，一艘稱為「信望愛」（Spes et Fides）的捕鯨船落水啟航，所有者和設計師是挪威人斯文德・福因（Svend Foyn，1809〜94年）。這艘船長29公尺，是世界上第一艘蒸汽動力捕鯨船（仍具有帆來輔助其引擎）。這艘船最高時速為每小時13公里，配備動力絞盤，用於牽引捕獲的鯨魚軀體，以及可以發射魚叉炸彈的甲板裝備。這些創新最終使這艘船的設計成為未來60年的捕鯨行業標準，使得捕鯨船能夠冒險進入更冷、更偏遠的水域，並追捕更大的獵物，包括藍鯨。

　　藍鯨是有史以來地球上最大的動物，身長可達30公尺，重達18萬公斤。藍鯨的心臟重達700公斤，動脈大到足以讓孩子爬過去。在每一片海洋中都有發現到藍鯨的蹤影，牠們在較冷的水域度過春季和夏季，並在冬季遷徙到赤道進行繁殖。藍鯨不僅是最大的動物，也是聲音最大的動物之一──牠們的「歌聲」（幫助進行交流和導航）可以在1500多公里的距離被偵測到，音量超過180分貝，比噴射機起動的聲音更大。但是藍鯨發出的聲音頻率太低，人類是聽不見的。

　　藍鯨與包含抹香鯨、獨角鯨和虎鯨等物種的齒鯨不同，齒鯨捕食魚類、魷魚甚至海豹，而藍鯨主要以磷蝦等小型甲殼類動物為食。藍

鯨的進食方式是藉由吞入海水，再將海水從嘴裡擠出來，過程中磷蝦會被 1 公尺長的鯨鬚（藍鯨嘴中角蛋白組成的粗刷毛）過濾擋住，然後被藍鯨吞下肚。另外還有 14 種其他鬚鯨，包括座頭鯨、灰鯨和長鬚鯨。

人類捕鯨的歷史至少有 5000 年。第一個捕鯨的可能是因努特人（Inuit），他們是北極的原住民，來自現今阿拉斯加、加拿大北部和格陵蘭島（古代日本和韓國也有捕鯨活動）。因努特人會使用船隻和綁在繩子上的魚叉捕獵游到海灘邊的小隻鯨魚，至於較大的鯨魚則只有在游入海灣的時候會被獵殺。對於因努特人來說，鯨魚不論是過去還是現在都是重要的食物來源，因為鯨魚皮、鯨脂和內臟是蛋白質、脂肪、維生素和礦物質的豐富來源。此外，鯨魚的骨頭和牙齒可以用來製造工具和武器，筋可以製造繩索，鯨鬚則可以製成籃子和墊子。

商業捕鯨始於中世紀的歐洲。第一批主要從業者是來自西班牙北部和法國的巴斯克人（Basques），他們在西元 11 世紀就開始派出捕鯨船。到 17 世紀，英國、荷蘭和挪威人已經建立了自己的捕鯨業，歐洲殖民者在北美也是如此。他們的船隻最初主要在北大西洋運營，但從 18 世紀開始，業務便擴展到太平洋和印度洋。他們派出較小的船隻，這些船可以靠得離鯨魚比較近，以便用魚叉捕鯨。捕獵成功後，就將鯨魚拖回主船進行處理。

　　鯨魚身上最重要的部分就是鯨脂。獵到的鯨魚一拉上船,就會被榨成油,儲存在木桶裡,以當作潤滑劑和照明用出售。鯨鬚也有廣泛的用途,包括用來鋪設屋頂、製作馬車彈簧、緊身胸衣的支撐肋狀物和裙環。雖然在某些地區的人會食用鯨魚肉,但往往不會進行商業交易,因為鯨魚肉變質很快。18 世紀後期,英國開啟了工業革命,隨後蔓延到西歐和北美,因而對鯨油產生了巨大的需求。直到 19 世紀中葉,捕鯨船長往往認為藍鯨沒有高獲利,因為藍鯨體型太大,無法快速屠宰,而且經常在被拖回船上之前就沉入海底。此外,藍鯨游泳的速度非常快,可以每小時 50 公里的速度逃離危險。由於速度太快,使得捕鯨船無法追捕。

　　到了 20 世紀初,藍鯨的龐大體型不再能保護牠免受捕鯨船的傷害。捕鯨業採用了挪威人開創的技術後,開始冒險進入南極和南大西

洋較冷的水域，並利用偵察飛行器和無線電來定位目標。漁業加工船能在海上有效地處理鯨魚，加工製成鯨油。鯨魚整個身體全部都可用來加工，連骨頭和肉都能一起煮成低階油，剩下任何殘留物則會被磨碎，製成肥料或動物飼料。鯨魚油可用來製造肥皂和人造黃油，所以人們對鯨魚油的需求量很大。鯨魚油還能用來製造甘油，這是一種炸藥的成分。此外，冷藏船的出現，則表示可以在海上長時間保存鯨魚肉以便出售。結果導致 1900 年到 1960 年代之間，有超過 36 萬頭藍鯨被殺死。

國際捕鯨業在 1961 年達到巔峰，當年總共就殺死了 66000 頭藍鯨。那時，藍鯨的數量明顯在迅速下降，要求保護藍鯨的呼聲也越來越高。1964 年，國際捕鯨委員會成立，旨在保護鯨魚資源，並監督捕鯨業，因此開始實施更嚴格的配額和控制。1996 年，更全面禁止捕殺藍鯨。到了 1986 年，國際更暫停所有商業捕鯨活動。因此，鯨魚數量普遍增加了，但仍面臨非法捕獵、氣候變遷、與船隻相撞、人類海洋活動增加所造成的纏網和聲音汙染等危機。現在全世界有 10000 到 25000 頭藍鯨，雖然還不到一個世紀前總數量的十分之一，但這確實意味著，世界上最大的動物不再面臨滅絕的嚴重危險。

結語

••🍃 🍃••

　　本書表明，不僅人類能夠講述世界如何變化的故事，事實上，與鯊魚和鳥類相比，人類相對來說只是地球上新來乍到的成員之一，因此，了解其他動物便成為觀察長期變化的重要方式。同時，動物世界的歷史也為人類提供了新的視角，以及人類如何看待動物、如何受動物影響而發展，還有如何利用動物。這本書尤其展現了人類如何從根本上改變了地球。最終，對其他動物的掌握、控制甚至剝削，使得智人成為地球上最具優勢的生命形態。如果沒有動物，人類無法達成如今的繁榮昌盛，是動物為我們提供了營養、住所、交通、衣服和藥品等。事實上，正如太空狗萊卡故事的啟示，人類在探索地球之外的領域，也有動物的協助。

　　這種為了人類利益，利用自然世界的做法，對我們自己和其他動物都是危險的。隨著人類的蓬勃發展，足跡遍布了各大洲，也留下了

不可磨滅甚至不可逆轉的痕跡。人類在世界各地的移動，在許多方面來說，同時也造成其他動物的移動，其中的部分活動甚至造成了疾病的傳播以及無數動物的死亡。人類的遷徙也導致一些動物的滅絕，例如渡渡鳥和旅鴿，動物除了喪失自然棲息地，還因人們引進的入侵物種而被捕食。從長遠的眼光來看，為了維持永續的關係，我們須要更了解動物，同時也要思考人和動物彼此之間，以及對更廣大的環境未來又將產生怎樣的影響。

致謝

再次感謝 Michael O'Mara Books 出色的團隊——如果沒有他們，這本書就不可能出版。特別感謝我的編輯 Gabriella Nemeth 的鼓勵、專業知識和建議，以及 David Inglesfield 的排版和 Aubrey Smith 的插圖。此外，感謝我的學生和教學同事，從過去到現在，感謝他們的見解、熱情和對歷史的討論。最後，感謝動物福利慈善機構 Mayhew 的所有成員，感謝他們為貓、狗和社區所做的所有了不起的工作和倡導（以及拯救我們的貓科動物朋友 Roman）。

參考書目

. . . .

Birkhead, T.R., *The Wisdom of Birds: An Illustrated History of Ornithology*, Bloomsbury, 2011

Coyne, J.A., *Why Evolution Is True*, Oxford University Press, 2010

Field, J.F., *A Short History of the World in 50 Places*, Michael O'Mara Books, 2020

Francis, R.C., *Domesticated: Evolution in a Man-Made World*, W.W. Norton, 2015

Kemmerer, L., A*nimals and World Religions*, Oxford University Press, 2011

Leeming, D., *The Oxford Companion to World Mythology*, Oxford University Press, 2009

Prothero, D.R., *Evolution: What the Fossils Say and Why It Matters*, Columbia University Press, 2007

Resh, V.H., and Cardé, R.T.（eds）, *Encyclopedia of Insects*, Academic Press, 2009

Roberts, C., *The Unnatural History of the Sea*, Island Press, 2009

Vitt, L.J., and Caldwell, J.P., *Herpetology: An Introductory Biology of Amphibians and Reptiles*, Academic Press, 2013

Weishampel, D.B., Dodson, P., and Osmolska, H.（eds）, *The Dinosauria*, University of California Press, 2007

Wilson, E.O., *The Diversity of Life*, Penguin, 2001

Note

國家圖書館出版品預行編目(CIP)資料

50種動物撼動人類歷史：從戰爭到生活,由飲
食文化到太空探險,看見動物對人類的影響/
雅各.F.菲爾德(Jacob F. Field)作；世茂編譯小
組譯. -- 初版. -- 新北市：世潮出版有限公司,
2022.12
　　面；　公分. --（閱讀世界；35）
譯自：A short history of the world in 50 animals
ISBN 978-986-259-079-9（平裝）

1.CST: 動物學 2.CST: 自然史 3.CST: 文明史

380　　　　　　　　　　111015790

閱讀世界35

50種動物撼動人類歷史：從戰爭到生活，由飲食文化到太空探險，看見動物對人類的影響

作　　　者 / 雅各・F・菲爾德
譯　　　者 / 世茂編譯小組
主　　　編 / 楊鈺儀
責任編輯 / 陳怡君
封面設計 / Chun-Rou Wang
出 版 者 / 世潮出版有限公司
地　　　址 / (231)新北市新店區民生路19號5樓
電　　　話 / (02)2218-3277
傳　　　真 / (02)2218-3239（訂書專線）
　　　　　　單次郵購總金額未滿500元（含），請加80元掛號費
劃撥帳號 / 17528093
戶　　　名 / 世潮出版有限公司
世茂網站 / www.coolbooks.com.tw
排版製版 / 辰皓國際出版製作有限公司
印　　　刷 / 傳興彩色印刷有限公司
初版一刷 / 2022年12月

Ｉ Ｓ Ｂ Ｎ / 978-986-259-079-9
定　　　價 / 400元